天の川が消える日

When our Galaxy vanishes?

谷口義明
TANIGUCHI Yoshiaki

日本評論社

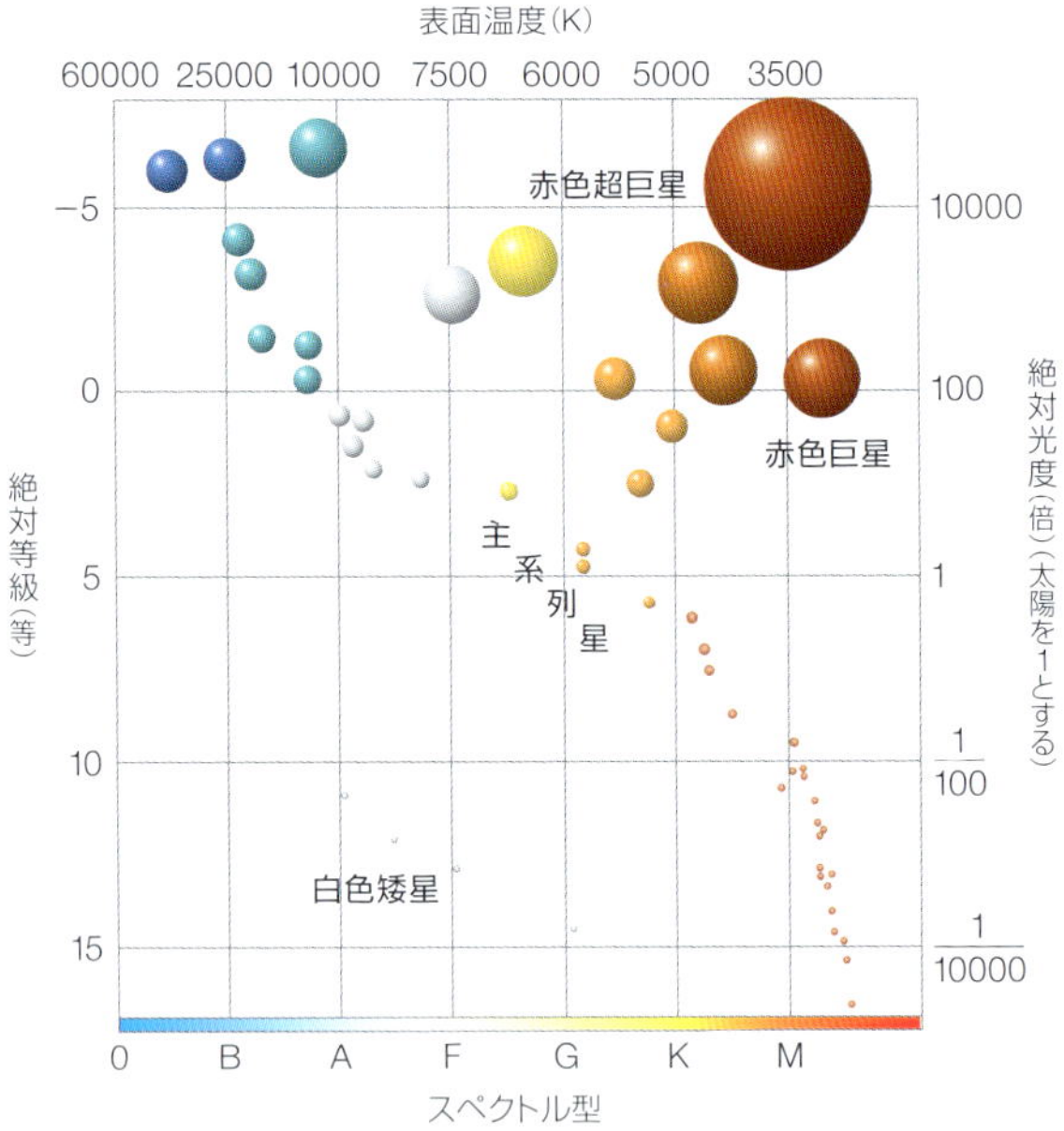

前ページ｜七夕の天の川(©Kouji Ohnishi)

上｜口絵1｜星の光度と色の関係(図1-6.国立科学博物館,http://wondephysics.web.fc2.com/physicsuniverse.html)

下｜口絵2｜プレアデス星団図(図1-8.https://ja.wikipedia.org/wiki/プレアデス星団#/media/File:Pleiades_large.jpg)

上｜口絵3｜さそり座の方向にある球状星団 NGC 6093（M 80）（図1-9, NASA/STScI）
下｜口絵4｜オリオン大星雲（図1-10, 東京大学・木曽観測所）

口絵5｜馬頭星雲(図1-11, NASA/STScI)

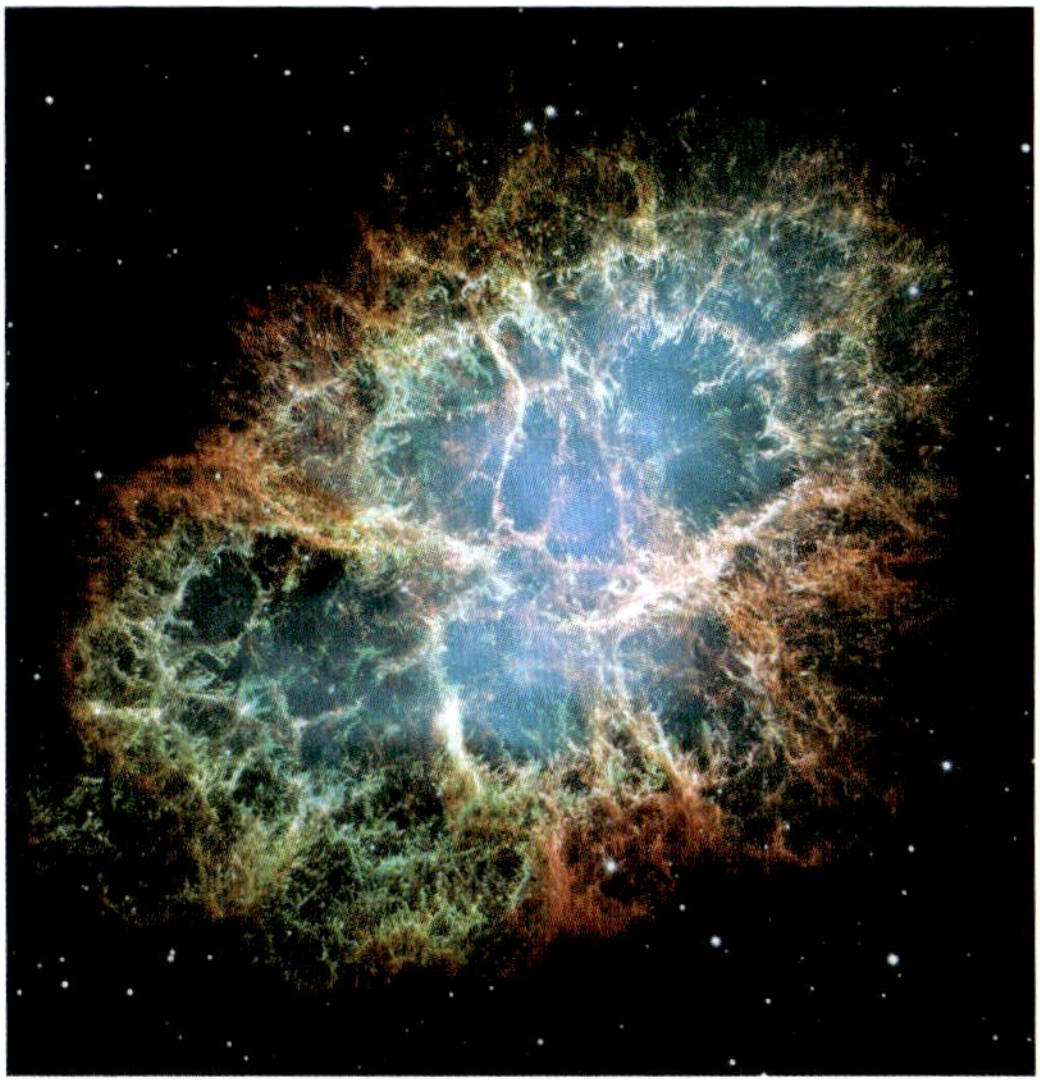

上｜口絵6｜超新星残骸のかに星雲図（図1-12, NASA/STScI）
下｜口絵7｜こと座の方向に見える惑星状星雲M 57。距離は約2600光年。小口径の望遠鏡でも見ることができる。中心に見える白い星がこの星雲を電離している。すばる望遠鏡で撮影されたイメージ（左）には星雲の周りに微かな構造がさらに取り巻いていることがわかる（図1-13, http://subarutelescope.org/Pressrelease/1999/09/16a/M57_ha_300.jpg）

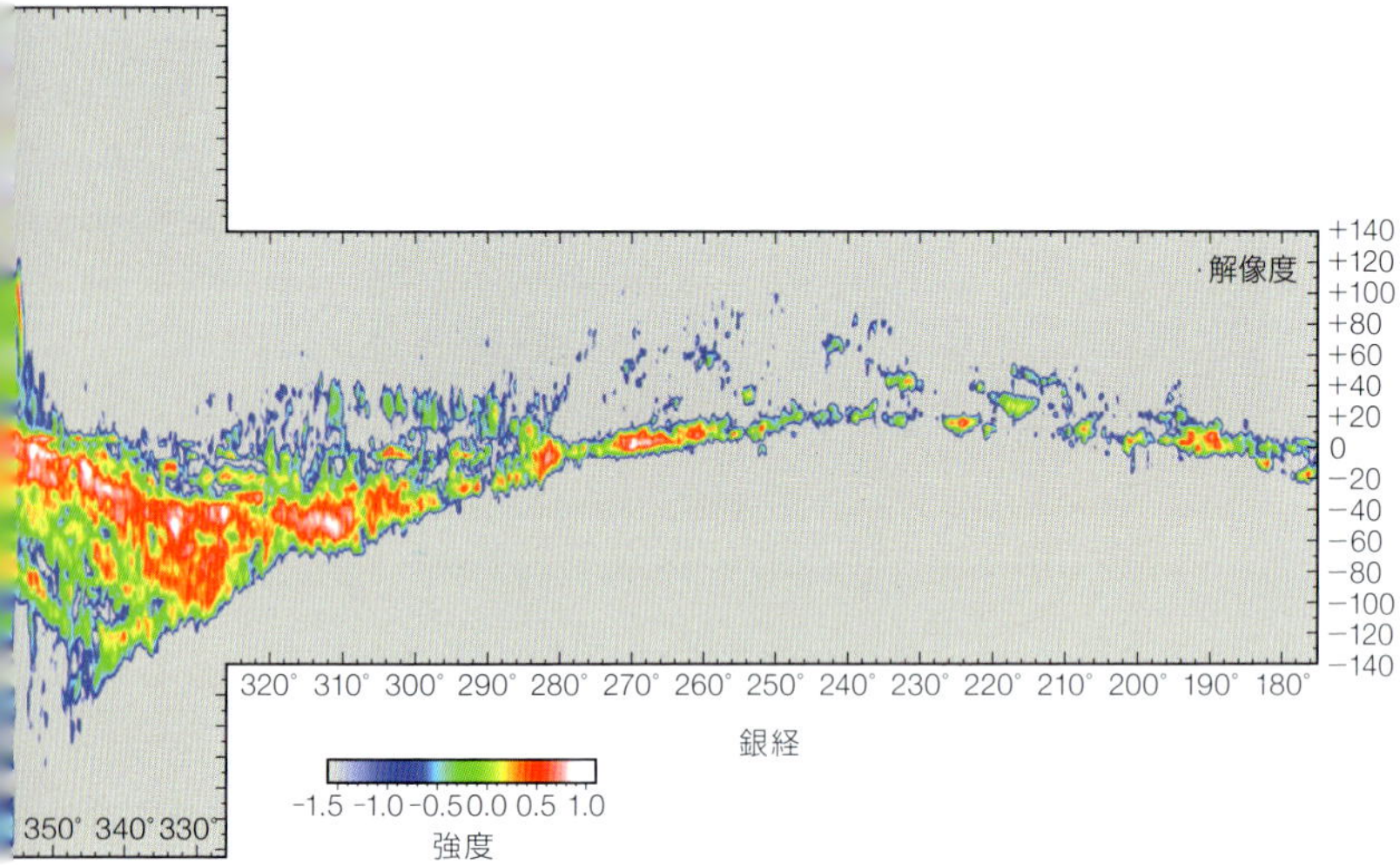

解像度
+140
+120
+100
+80
+60
+40
+20
0
−20
−40
−60
−80
−100
−120
−140
350° 340° 330°
320° 310° 300° 290° 280° 270° 260° 250° 240° 230° 220° 210° 200° 190° 180°
銀経
−1.5 −1.0 −0.5 0.0 0.5 1.0
強度

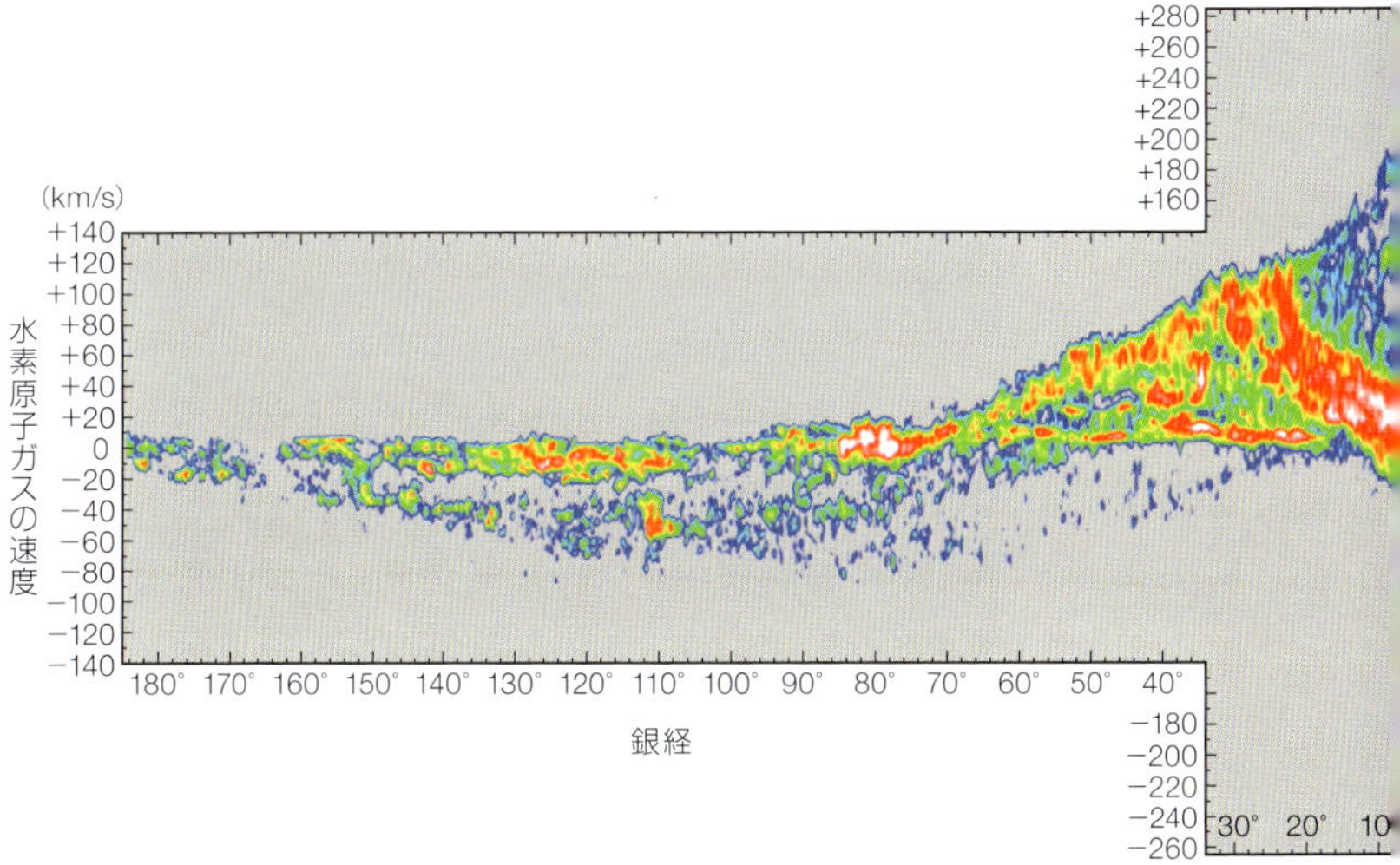

口絵8｜天の川の水素原子ガスの運動状態を示す図（図1-16, Dame *et al*. 2001, *ApJ*, 547, 792）

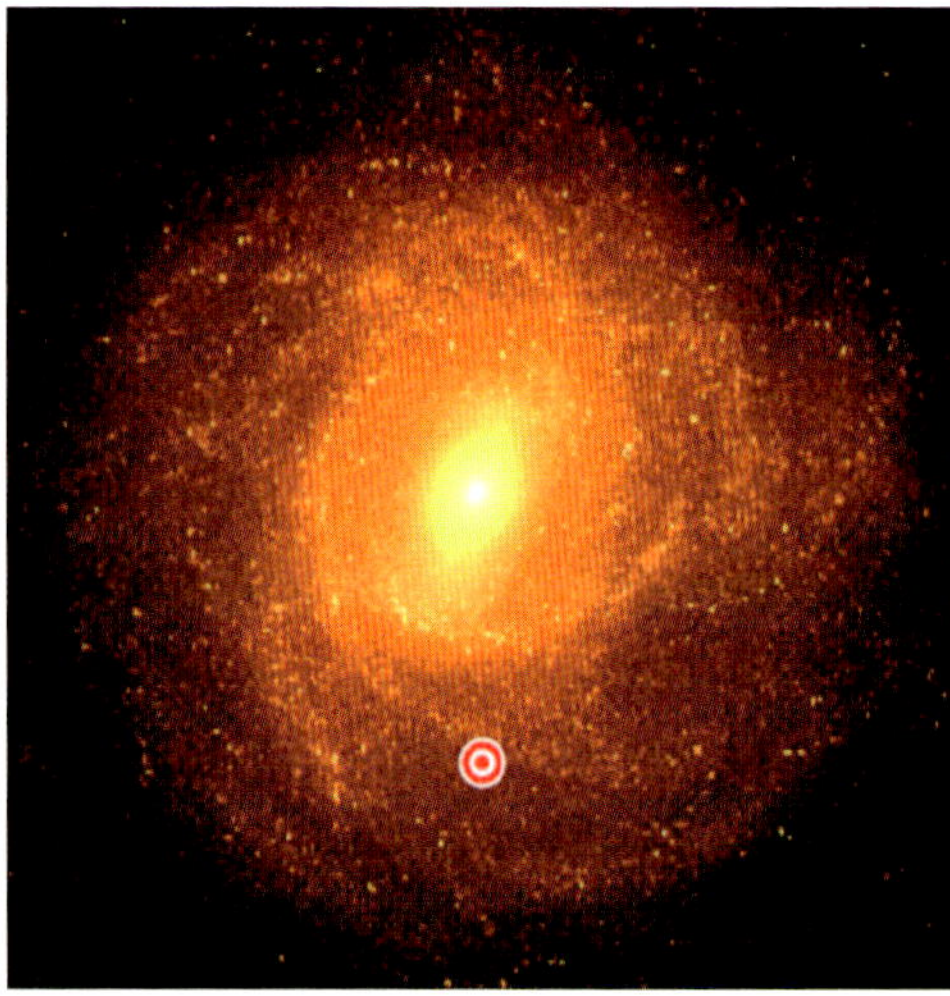

上｜口絵9｜コンピューターで再現した水素原子ガスの回転曲線を実現する物質の空間分布。赤い二重丸は太陽系の位置（図1-18, Baba *et al.* 2010, *PASJ*, 62, 1413）
下｜口絵10｜不規則型銀河の例であるIZw 18。距離は5900万光年（図1-29.NASA/ESA/STScI）

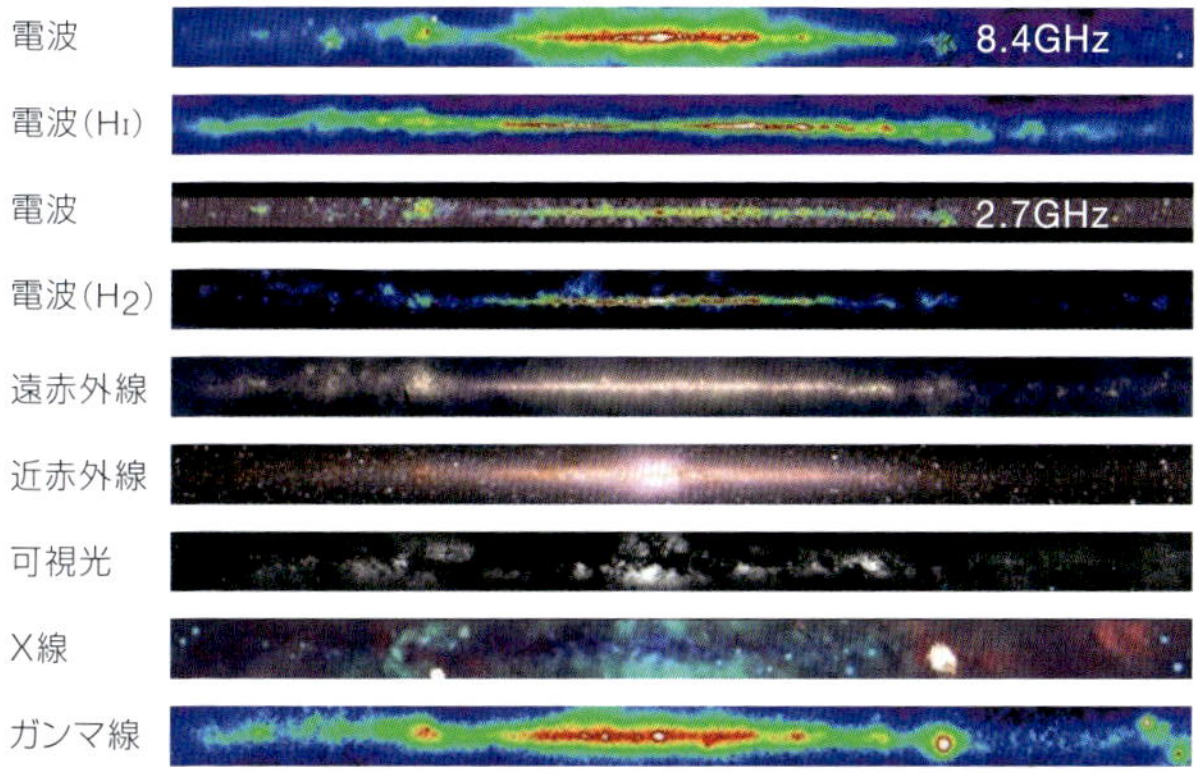

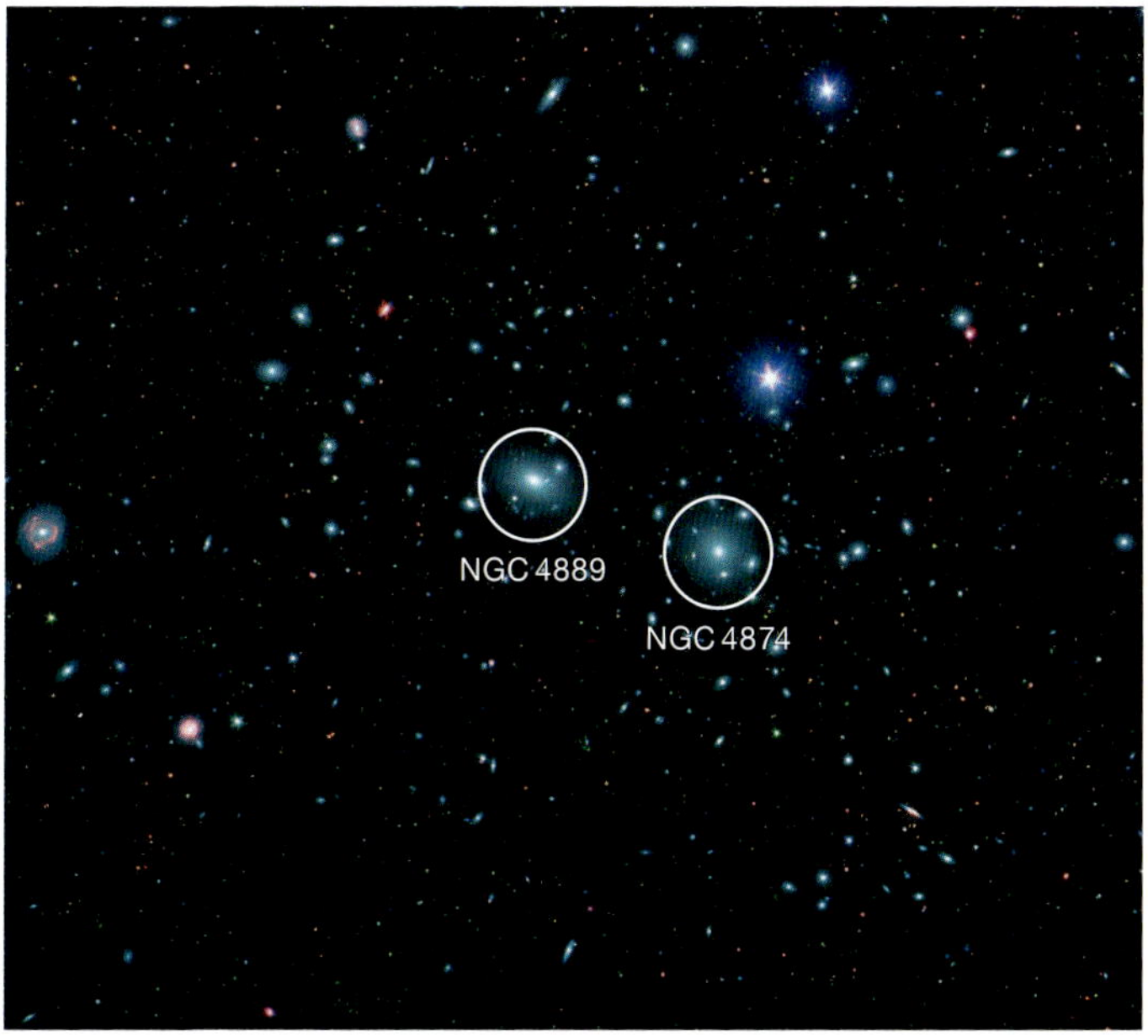

上｜口絵11｜さまざまな波長で眺めた銀河系の姿(図2-2, NRAO提供の図を改変)
下｜口絵12｜かみのけ座銀河団。距離は3.2億光年。中央に見える二つの巨大な楕円銀河(NGC4874とNGC4889)の他に1000個もの銀河が集まっている(図2-14, NASA/JPL-Caltech/L. Jenkins(GSFC))

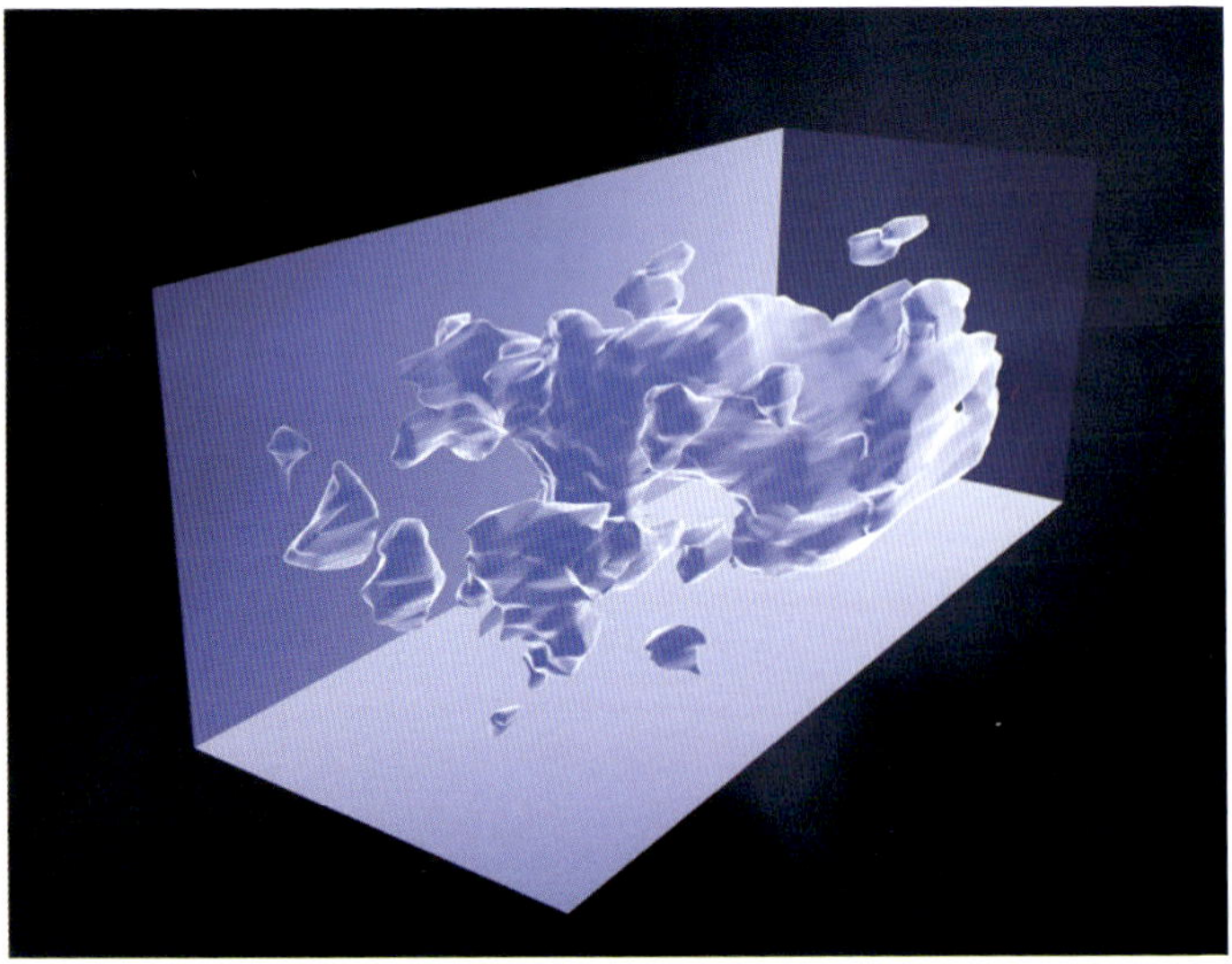

上｜口絵13｜重力レンズ効果の例。21億光年彼方の銀河団Abell（エーベル）2218に付随するダークマターの重力によって，この銀河団の背後にある，より遠方の銀河が重力レンズ効果を受けてアーク（弓）状に見えている（図2-18，W. Couch（University of New South Wales），R. Ellis（Cambridge University），and NASA）

下｜口絵14｜宇宙進化サーベイが明らかにしたダークマターの3次元地図。雲のように分布しているのがダークマター。私たちは左下の方から宇宙を観測しており，右奥までの距離は80億光年である。80億光年先の宇宙の大きさは2.4億光年四方（図2-20，NASA, ESA, and R. Massey（California Institute of Technology））

口絵15｜アンドロメダ銀河。二つの衛星銀河が見えている：NGC 205（右上）とM 32（アンドロメダ銀河の中心部の下側に見えるやや小さな銀河）（**図3-3**，http://subarutelescope.org/Topics/2013/07/30/j_index.html）

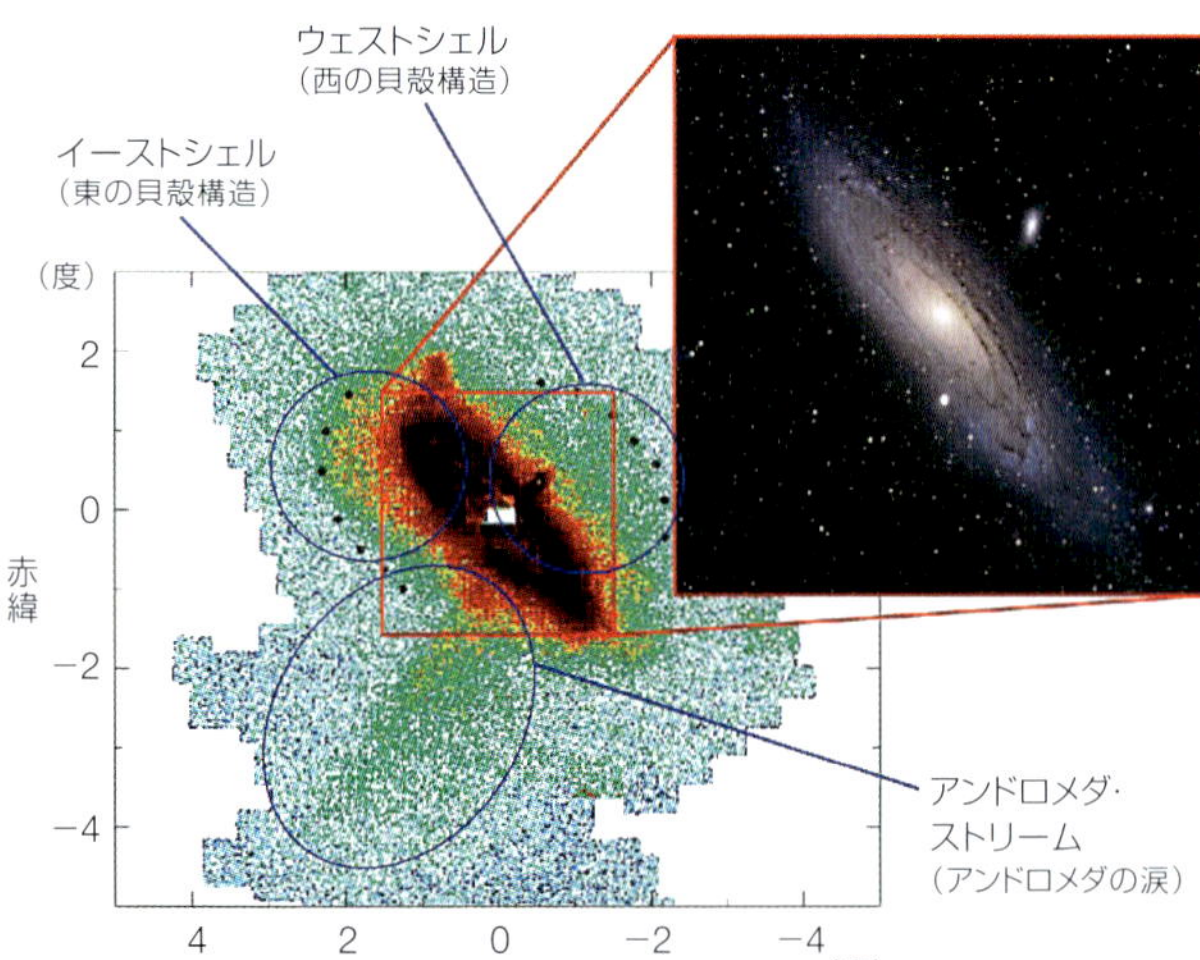

上｜口絵16｜スローン・ディジタル・スカイ・サーベイで発見されたアンドロメダ銀河の周りに広がる星々。左側の矢印で示された場所には星が集団で存在しているクランプと呼ばれる構造が見られる。角度のスケールを比較するために，右側には満月が示されている（図3-11，SDSS）

下｜口絵17｜アンドロメダ銀河の南東側（左下側）に伸びるアンドロメダ・ストリーム（アンドロメダの涙）。全長は40万光年（図3-12，提供：筑波大学・森正夫）

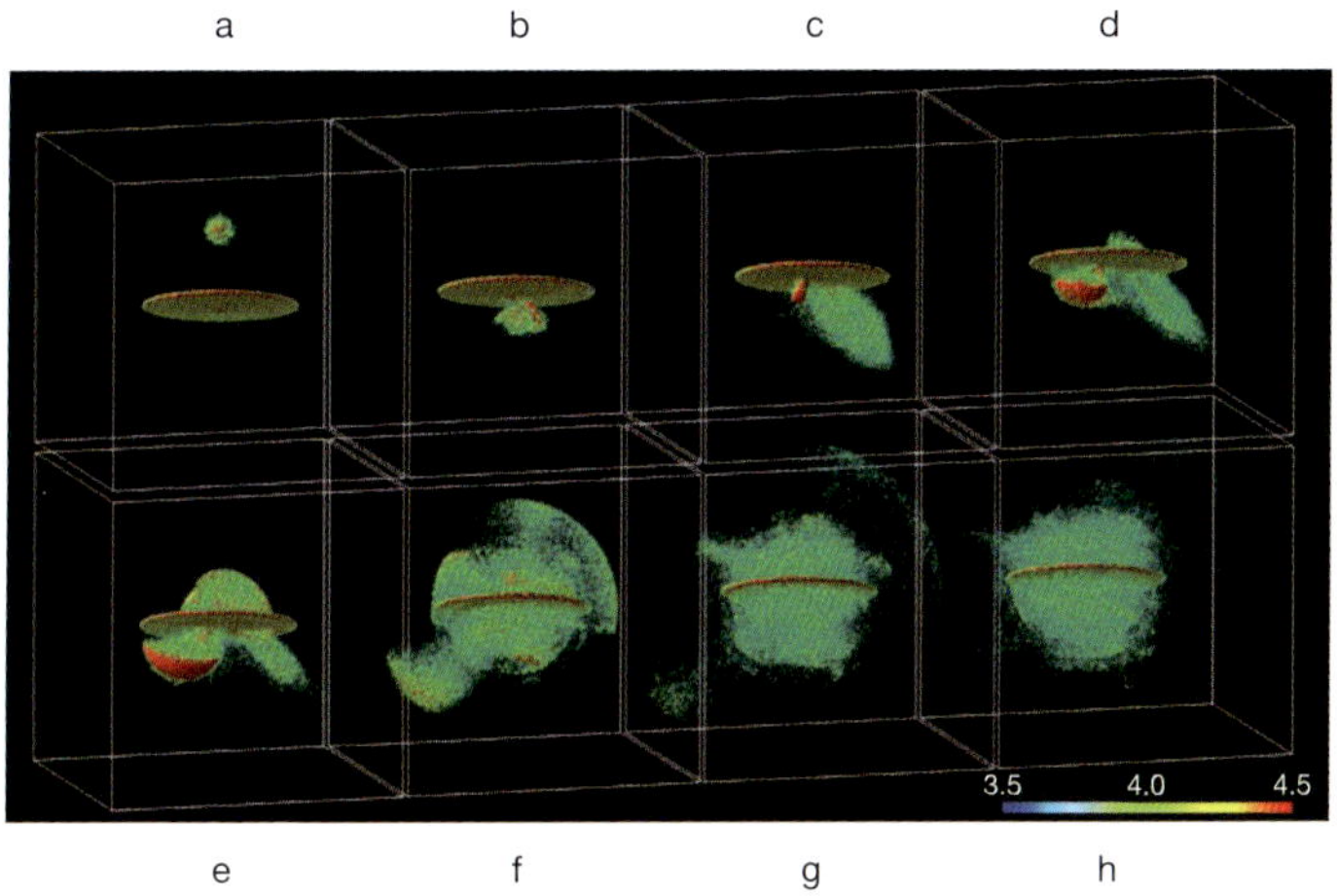

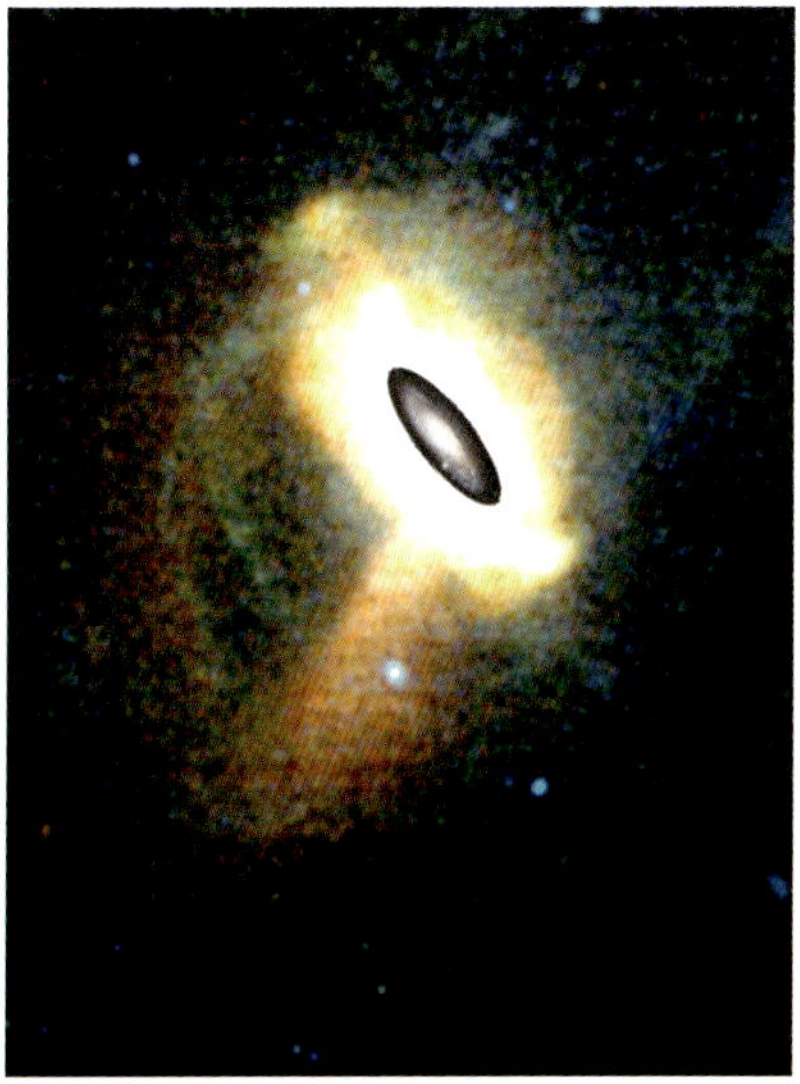

上｜口絵18｜コンピュータ・シミュレーションで再現されたアンドロメダ・ストリーム。アンドロメダ銀河に矮小銀河が合体していく様子。a 現在から10億年前，b 7.5億年前，c 5億年前，d 2.5億年前，e 現在のアンドロメダ［右下に伸びた構造がアンドロメダ・ストリーム］，f 10億年後，g 20億年後，h 30億年後（図3-13，提供：筑波大学 森正夫）

下｜口絵19｜アンドロメダ銀河の真の姿（図3-14，PAndAS Team）

c

d

g

h

口絵20 | アンドロメダ銀河と天の川銀河の衝突過程を，順を追って示した図。**a** 現在，**b** 20億年後，**c** 37.5億年後，**d** 38.5億年後，**e** 39億年後，**f** 40億年後，**g** 51億年後，**h** 70億年後（図3-21. NASA, ESA, Z. Levay and R. van der Marel（STScI），T. Hallas, and A. Mellinger）

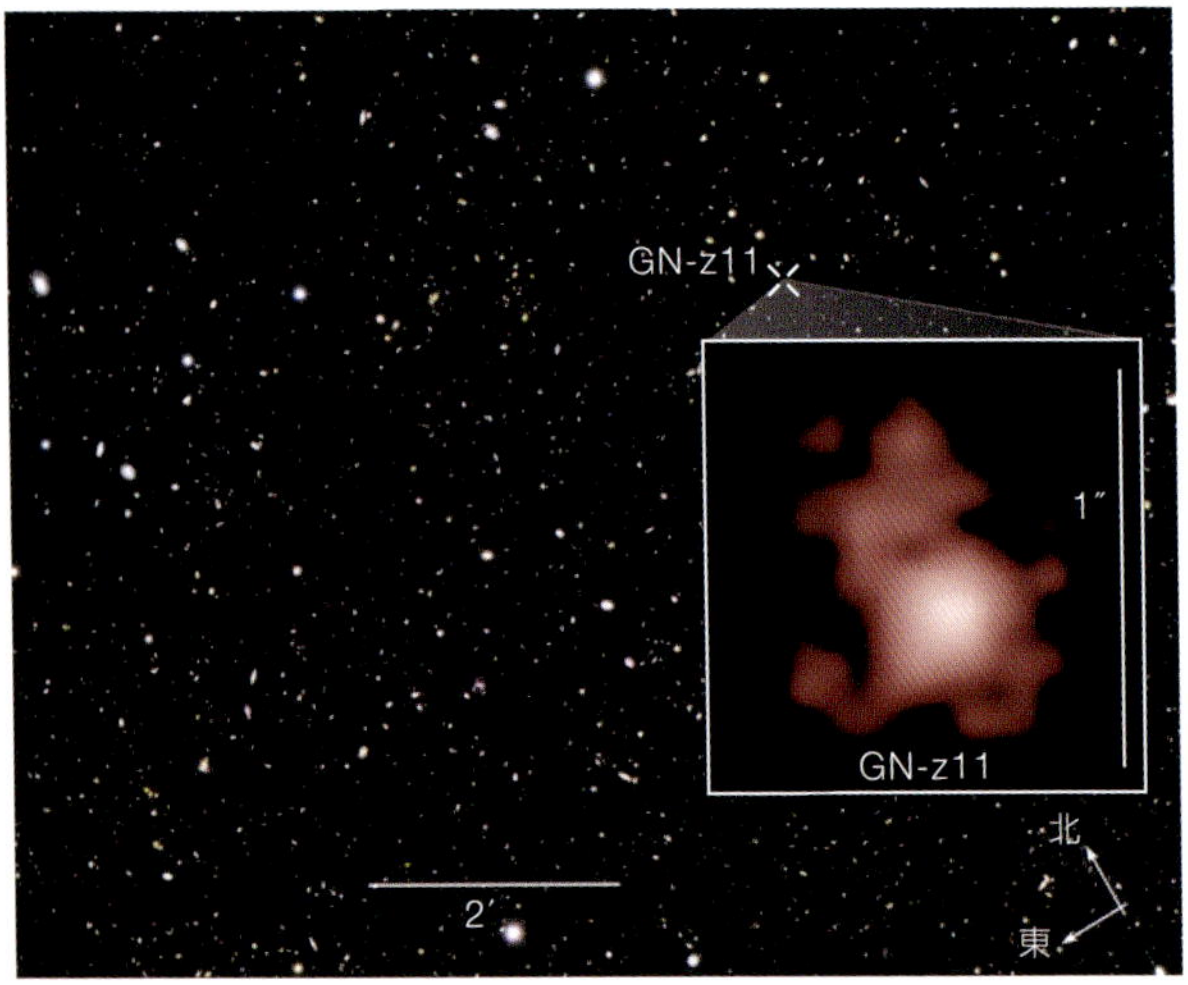

上｜口絵21｜おおぐま座の方向で見つかった134億光年彼方の銀河GN-z11（中央右側にクローズアップされている）（図3-25, http://hubblesite.org/image/3708/category/43-candels）
下｜口絵22｜50億年後，太陽は赤色巨星に進化し地球も飲み込まれてゆく（図3-28, https://commons.wikimedia.org/wiki/File:Red_Giant_Earth.jpg）

天の川が消える日

When our Galaxy vanishes?

谷口義明
TANIGUCHI Yoshiaki

日本評論社

まえがき

〝荒海や　佐渡によこたふ　天河《あまのかは》〟（『おくのほそ道』に所収。ルビは引用者）

俳人、松尾芭蕉が詠んだ有名な百句のひとつである。天河は天の川のことだ。江戸時代は元禄2年（1689年）7月4日（現在の暦では8月18日）、越後の出雲崎（新潟県出雲崎町）での句だとされる。俳句に疎い私でさえ、小学校か中学校のときには、もうこの句に出会っていたので、皆さんにも覚えがあるだろう。

その当時は、ずいぶん雄大な印象のある俳句だな、と思っていたように記憶している。しかし、冷静に考えてみると、少し不思議な句である。越後の出雲崎は新潟県。その新潟から佐渡を眺めると、方角は北。一方、この句が詠まれたのは初秋。初秋の夜空を彩る天の川は南の空に低く見えている（高度にして35度ぐらいの高さでしかない）。つまり、天の川は佐渡の方角には横たわらないのだ。しかも、芭蕉が出雲崎を旅していた頃は雨模様の天候だったという記録もある。つまり、天の川を見ずにこの句を読んだことになりそうだ。こうしてみると、

〝荒海や　佐渡によこたふ　天河《あまのかは》〟

という句は、事実関係を詠んだものではないのかもしれないと思えてくる。佐渡の面積は東京23区の約半分程度の広さである。江戸に住んでいて、そんな大きな島を目にすることはない。雨の道中、荒海に見え隠れする佐渡の島は芭蕉の目に雄大な創造物に見えたのかもしれない。そして、晴れていれば、夜空には雄大な天の川が見える。佐渡と天の川が芭蕉の頭の中でクロスオーバーしたとすれば、納得のいく一句となるだろう。

それでも、この句に出会った頃、私はもっと大きな誤解をしていた。最初に出てくる〝荒海や〟で、冬の荒れ狂う日本海を想像したため、冬の旅路での句だと思っていたのだ。「芭蕉に、してやられたり！」というところだろうか。

さて、冒頭に芭蕉の句を引用させてもらったのは、ほかでもない。江戸の時代にも天の川は庶民に馴染みのものだったことに気づかされるからだ。天の川というと、たなばた（七夕）伝説を思い出す。私の住んでいる仙台市では毎年8月6日から8日の3日間、七夕祭りが盛大に執り行われるので、一層馴染み深い。七夕伝説（織女と牽牛《けんぎゅう》の物語）の起源は中国の漢王朝の時代にまで遡るが（紀元前200年ごろ）、日本には奈良時代に伝わったと言われている。七夕伝説に思いを馳せながら天の川を眺めるのは、その頃からの習わしだったのだろう。昔は今のように大都会の灯火に邪魔されることがなかったので、美しい天の川を眺めることができたはずだ。風情を好む日本人ならではの作法と言える。

ところがひとつ不思議なことがある。それは、清少納言が『枕草子』で天の川に触れていないことだ。

〝星はすばる（昴）、彦星、夕筒。よばい星、少しをかし。〟

という記述があるだけなのだ。ここで、すばるは秋の夜空に見えるプレアデス星団、彦星はわし座の一等星アルタイル、夕筒は宵の明星で金星のこと。そして、よばい星は流星。

ここに、天の川は出てこない。『枕草子』は平安時代中期（西暦1000年ごろ）に著されたものだ。今の時代と違い、空気は澄んでいて、天の川はくっきり眺めることができたはずである。もしかすると、星とは違い、天体という認識がなかったので、出てこなかったのだろうか、または、人気がなかったのだろうか。その意味では、芭蕉によって江戸時代には庶民に知られたものであったことが推察されるので、少し安心する。なぜなら、天の川は私たちの住んでいる場所だ。誰しも自分の住んでいる町は好きなはずである。住めば都。まさに、その通り。私は天の川が大好きだ。

では、私たちの住んでいる天の川とはいったいどういうものか？ この広い宇宙の中、どこにあるのか？ 天の川は死なないのか？ これらの疑問に明快な回答をスパッと出せる人は少ないのではないだろうか？ 本書ではこれらの疑問について、現代天文学の成果を踏まえて答えることにしたい。

第1章では、夜空に見える天の川が星の大集団であることをどうして私たちは気づいたのかを解説する。第2章では、天の川の中に見えるもの、そして見えないものを解説する。この章で、私たちは未知なる暗黒に操られていることを知ることになる。そして、第3章では、この天の川も永遠の存在ではなく、遠い未来の出来事だが、消えゆく定めであることを述べる。最後に、宇宙の未来予想図にも触れることにしよう。

しばし、天の川、そして広大な宇宙の世界を楽しんでいただければ幸いである。

本書の出版にあたり、日本評論社の佐藤大器氏に大変お世話になりました。末尾になり恐縮ですが、深く感謝させていただきます。

２０１８年６月
杜の都、仙台にて

天の川が消える日　目次

1 天の川ってなんだ

星々の世界

夜空を眺める

夕陽が沈み、夜の帳《とばり》が下りてくる。目を凝らして空を眺めていると、一つの星に気がつく。一番星だ。一番星を見つけて喜んだのも束の間。夜空にはたくさんの星が瞬《またた》き出す。晴れていれば、昔から繰り返されてきたことだ。夜空を眺めて思うことは一つ。私たちは無数の星々がある世界に住んでいる。

宇宙。この言葉は中国の古典『淮南子《えなんじ》』*1に出てくる言葉だ。〝宇〟は空間を表し、〝宙〟は時間を表す。つまり、宇宙は私たちの住む時空そのものだと言える。夜毎見ることができる星々の世界。私たち人類はそれこそが宇宙だと長い間信じてきた。

仮に夜空に見える星々の世界が宇宙だとしよう。その場合、宇宙の姿はどうなっているだろう。宇宙は広い。これは誰しもそう思うだろう。その広さから思いつくことは、宇宙は一様だろうということだ。特別な場所として、地球や太陽を思い浮かべたとしても、宇宙全体を俯瞰《ふかん》すれば、星々は空間にムラなく分布しているのが普通に思える。この場合、どの方向を眺めても、宇宙は同じような姿をしていることになる。それを、「等方的」であると言う。

まとめると、宇宙は一様・等方であるということになる。この考え方には「宇宙原理」という言葉が与えられている。なんだか大袈裟な気もするが、一つの宇宙観としてそれほど不自然なものではない。

ところが夜空を眺めると、どうも様子が違う。夜空の明るさにはムラがある。明らかに他の場所より明るく見えているところがある。それが天の川である。もちろん、天の川と呼んでいるのは日本人だけで、古くはギリシャ神話の時代の〝γαλαξίας(galaxias)〟という言葉まで遡ることができる[*2]。日本語に直すと乳《ミルク》を意味する。つまり、その時代、天の川は乳《ミルク》の流れだと喩《たと》えられていたのだ。天の川のことを欧米ではMilky Way(乳の道)と表現することに繋がったわけだ。

私たちは夜空に輝く星々をそれぞれ独立した点状の光源として見ている。一方、天の川は点光源としては認識されず、光の帯のようなものとして認識されていたことになる。今の時代、街明かりが明るく天の川を見ることは難しくなってきているが、灯火の影響が少ない海辺や山

*1 時代は武帝(紀元前156‐紀元前87)の活躍していた前漢の頃で、淮南王劉安《えなんおうりゅうあん》が編纂した思想書。

*2 この言葉は現在の銀河を意味するgalaxyの語源になっている。

間部に行くと天の川を見ることができる。だが、やはり点光源とはほど遠く、まるで雲のように見えるだけである。では、天の川とは何か？　この問いはギリシャ神話の時代から続いてきた問いでもあった。

この問いの答えを見つけたのはガリレオ・ガリレイ[*3]（1564-1642）だった。ガリレオはピサ大学、パドヴァ大学の教授を歴任し、数学、物理学、天文学の分野で大活躍した科学者だった。天文学の分野では、人類史上、初めて望遠鏡で宇宙を調べたことで名を馳せた。1609年のことだ。望遠鏡の発明はガリレオではなく、オランダの眼鏡職人であったハンス・リッペルハイ（1570-1619）によるもので、1608年のことだ。ガリレオはその噂を聞きつけ、口径4センチの屈折望遠鏡を自作した。彼の偉大なところは、それを宇宙に向けたことだ。口径4センチといえば小さな望遠鏡だ。しかし、人間の眼に比べればその威力はすごい。私たちの瞳の口径は7ミリでしかない。光を集める能力（集光力）はレンズの面積に比例するので、口径4センチの屈折望遠鏡は人間の眼に比べれば40／7の二乗で33倍にもなる。また細かな構造をみる能力（角分解能）は口径に比例するので40／7＝6倍も良い。そのため、ガリレオの眼に飛び込んできた宇宙の姿は、それまでの常識を覆すものだった。

まず、月。それまで月は完全無欠の球であると考えられていた。円と球は最も美しい形として尊ばれていたから、当然のことながら天にあるものの形はすべて球であると信じられていた

＊3　姓はガリレイ、名はガリレオであるが、一般的にはご存知のように名であるガリレオが流布している。これは彼が生まれたイタリアのトスカーナ地方の風習で、長男の名前は姓の単数形が付けられるため、ガリレオと言う名前が与えられたことによる。また、偉人に対しては姓ではなく名を使うことも習わしだったため、単にガリレオと呼ばれることとなった。

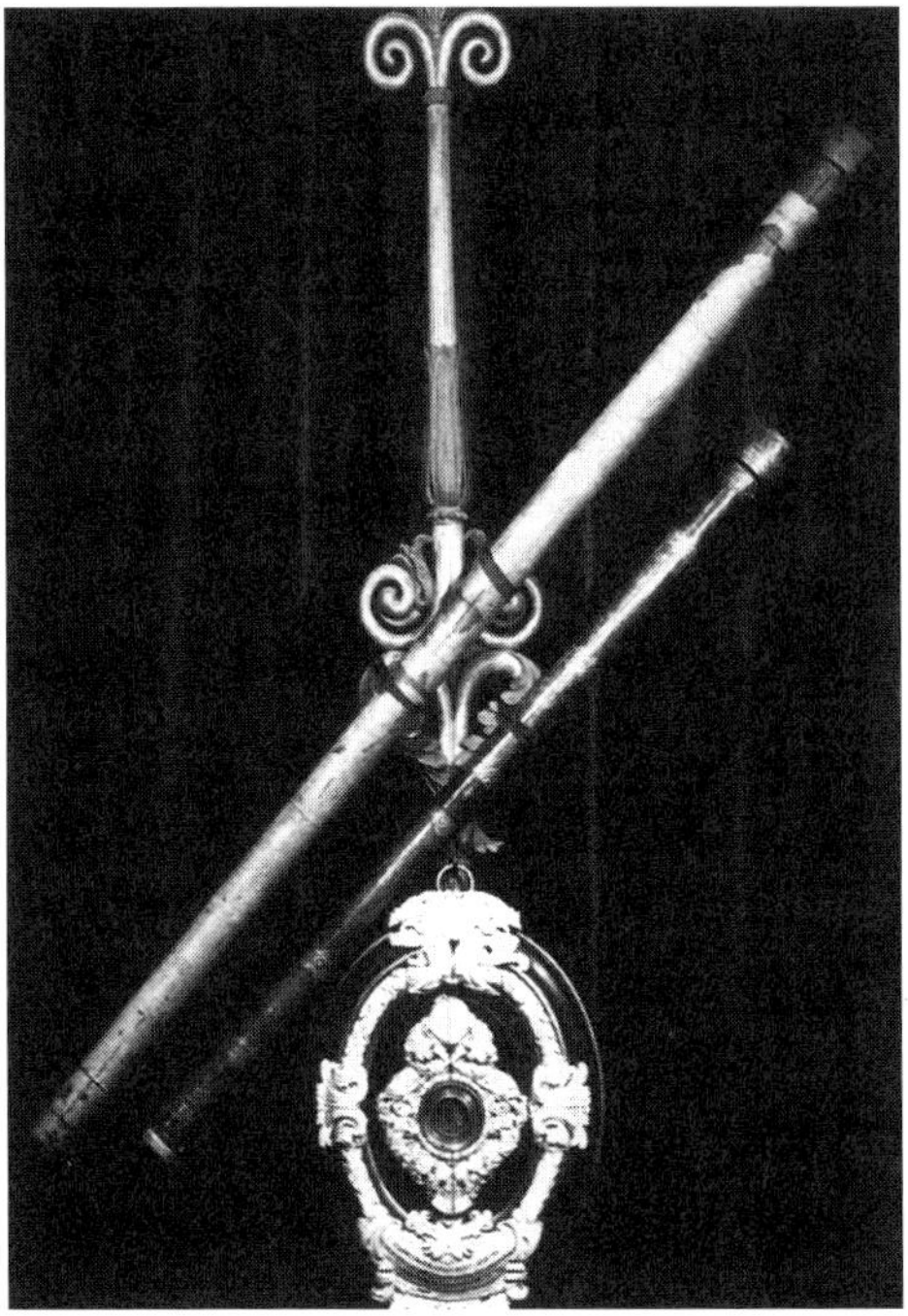

図1-1｜ガリレオの製作した屈折望遠鏡

のである。しかし、ガリレオの見た月には山や谷があったのだ。これだけで十分、大事件だった。そして、木星には四つの衛星が木星の周りを回り、土星には耳（リング構造）が見えた。おまけに金星は月のように満ち欠けをするではないか。驚きに満ちた宇宙の姿がそこにあった。

ガリレオは天の川も望遠鏡で見てみた。すると、雲のように見えていたものは無数の星の集まりであることがわかった。天の川は星の大集団だったのだ。このとき、人類は初めて天の川の真実に気がついたことになる。ようするに、人間の眼の限界が立ちはだかっていて、雲のように見えていたのだ。

天の川の実像

ガリレオの観察で、天の川の正体は星の大集団であることがわかった。そして、人類はとりあえず、この星の大集団が宇宙のすべてだと思った。当然である。夜空を眺めて、見えるものは多数の星々だけだからだ。まだ、人類にとっては、宇宙の姿を正しく理解できていなかった。その時代がしばらくの間、続くことになった。

地球のある太陽系は星々に取り囲まれた天の川という世界にある。当然のことながら、基本的な問題が湧き上がる。

・天の川はどのような形をしているのか？
・天の川の大きさは？
・天の川に果てはあるのか？

当時、天の川が全宇宙である。したがって、これらの問いかけは以下のものと同義になる。

・宇宙はどのような形をしているのか？
・宇宙の大きさは？
・宇宙に果てはあるのか？

ただ、これらの答えがわかるのは、20世紀になってからであった。

しかし、ガリレオの発見から20世紀になるまで、何も進展がなかったわけではない。天の川の実像に迫りたい。そう考えた人はたくさんいた。その一人が、ウイリアム・ハーシェル（1738-1822）だった。ドイツのハノーファー生まれで、もともとは音楽家としてスタートしたが、のちにイギリスで天文学者として大活躍した人だ。天王星を発見したことでも有名である。しかし、彼のすごいところは、大きな口径の望遠鏡［図1-2］を作って宇宙の探求に挑んだ最初の本格的な天文学者となったことだろう。

ハーシェルは天の川の比較的明るく見える領域を600個以上の天域にわけ、その中にそれぞれ何個の星が見えるかを数えていった。星計数法と呼ばれる手法で、天の川の構造を調べようとしたのだ。その結果得られた天の川の姿が図1-3だ。

なんだかパッとしない姿だが、天の川の姿を定量的に示したという意味では人類は、天の川の理解に大きな一歩を踏み出したことになる。まず〝川〟の名のごとく、細長い姿をしている。言葉を換えていうと、天の川は、ある厚みを持っているということだ。

一つ注意しておきたいことは、ハーシェルは天の川全体を観測したわけではないことだ。イギリスから観測できる部分だけを見ているのだ。もし、天の川全体の構造を見たければ、南半球でも観測する必要がある。

参考のため、21ページの図1-4に天の川の全体写真を示した。図の下側に図1-3を示したので、ハーシェルの観測したエリアがわかるだろう。図1-4の写真を見てわかるように、天の川には暗く、星の見えない領域があることがわかる。この部分は暗黒星雲と呼ばれるもので、チリ粒子（岩石を細かく砕いたものだと思えばよい）を含んだガス雲がある。チリ粒子は背後からやってくる光を吸収したり、散乱したりするので、そこだけカーテンがあるかのように暗く見えてしまうのだ。ハーシェルの観測は暗黒星雲をきちんと捉えていたという意味で、正確な

図1-2｜ウイリアム·ハーシェルが製作した口径1.26メートルの反射望遠鏡(https://ja.wikipedia.org/wiki/ウィリアム·ハーシェル#/media/File:Herschel_40_foot.jpg)

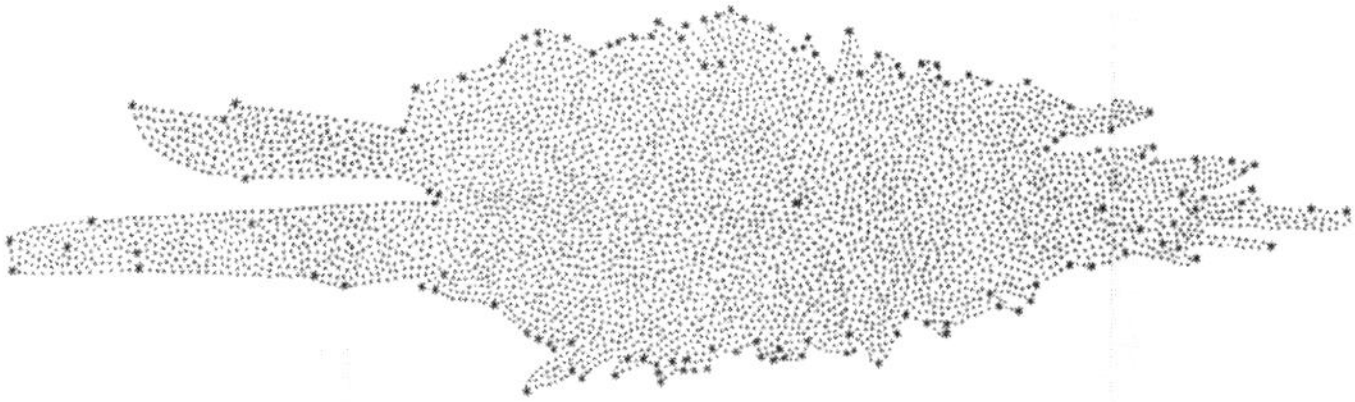

図1-3｜1785年に公表されたハーシェルによる天の川の構造(William Herschel 1785, Philosophical Transaction of Royal Society of London, 75巻, 213-266)

観測であったことがうかがい知れる。

さて、天の川の姿が浮かび上がってきたわけだが、ここでもう一つ注意を喚起しておきたい。それは私たちの見ている天の川の姿は天球に投影したものであるということだ。天の川はなんらかの3次元的な構造をしているはずである。しかし、私たちは天の川にある星々までの距離を知らないので、奥行き方向の情報を失っている。そのため天球に投影された、2次元の姿を見ていることになるのだ。

もう一つ留意しなければならないことがある。それは太陽系が天の川のどの場所にあるかということだ。ハーシェルは天の川の姿をあぶり出したにもかかわらず、一つ大きな誤解をしていた。それは、太陽系が天の川の中心にあると思っていたことだ。図1-3を今一度見てほしい。中央やや右寄りのところに一つマークが見える。それが、ハーシェルの考えた太陽系の位置なのだ。

これは致し方のないことかもしれない。そもそも昔は、地球が宇宙の中心だと考えられていたのである（地球を中心にして、天が動いているということで、天動説と呼ばれていた）。ニコラウス・コペルニクス（1473-1543）は、地球が太陽の周りを回っているとする地動説を、迫害に遭いながらも提案したのが、死ぬ間際の1543年のことだった。ようやく太陽中心の世界観が生まれたわけで、それは多くの人々の心の中にあったはずである。太陽が宇宙の中心にある。

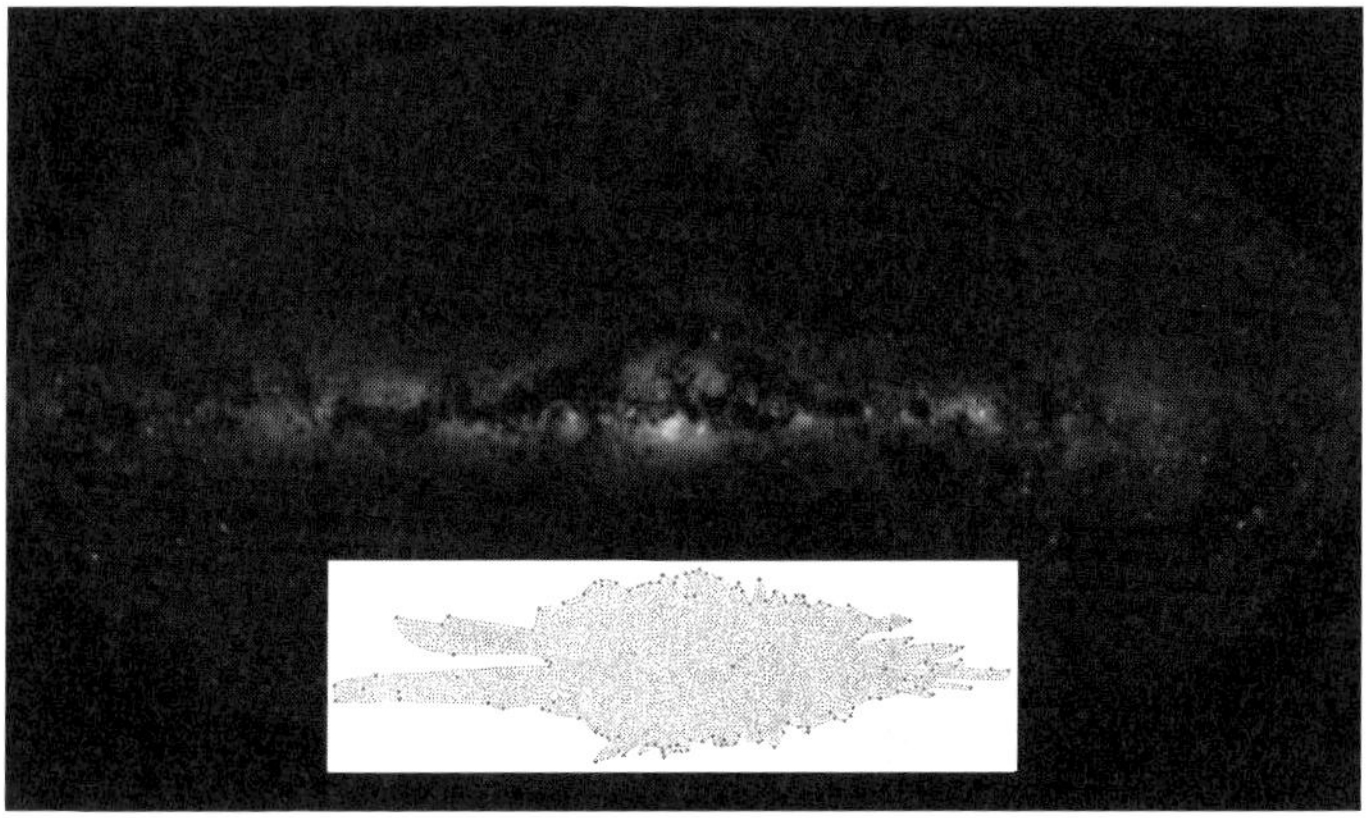

図1-4｜天の川の全天写真にハーシェルの観測したエリアを示したもの（全天写真：GEOCITE）

みな、そう思い続けたかったのだろう。ハーシェルをもってしても、その呪縛から逃れられなかったとしても不思議はない。

　しかし、天の川の姿［図1-3、図1-4］を見れば、太陽が天の川の中心にいないことは少し考えれば理解できる。

・〝川〟の明るさは一様ではなく、ひときわ明るい場所がある［図1-4の中央付近］
・〝川〟の明るさは、中央から離れるにつれて暗くなる

まず、第1番目の特徴だが、明るい場所はおそらく天の川には中心があることを示唆している。自分たちが天の川の中心にいたとすれば、どの方向を見ても特に明るい場所は見え

ないはずである〔図1-5の上図〕。第2番目の特徴は、太陽系が天の川の端にいるとすれば説明できる。これは、第1番目の特徴も自動的に説明するが、中心と反対方向には星の数がすくないはずなので、暗く見えることが予想される〔図1-5の下図〕。

これらのことを考え合わせると、天の川はあんパンあるいは碁石のような形をしていて、私たちは比較的その端の方に住んでいるという描像に至る。これは、あとで述べる、円盤状の銀河という概念に相当する。

では、天の川はどのぐらい大きいのだろう。ハーシェルの偉大なところは、天の川の大きさも推定したことである。

・大きさ＝6000光年
・厚さ＝1000光年

これが彼の得た答えだ。ここで、光年は長さの単位で、光（秒速30万キロメートルの速度で伝播する）が1年間に進むことのできる距離で、約10兆キロメートルである。

厚さは概ね正しい値だが、大きさはかなり過小評価されている。これにはいくつか理由がある。まず、18世紀の時代、星がなぜ輝くのか、よく理解されていなかった。そこで、すべての

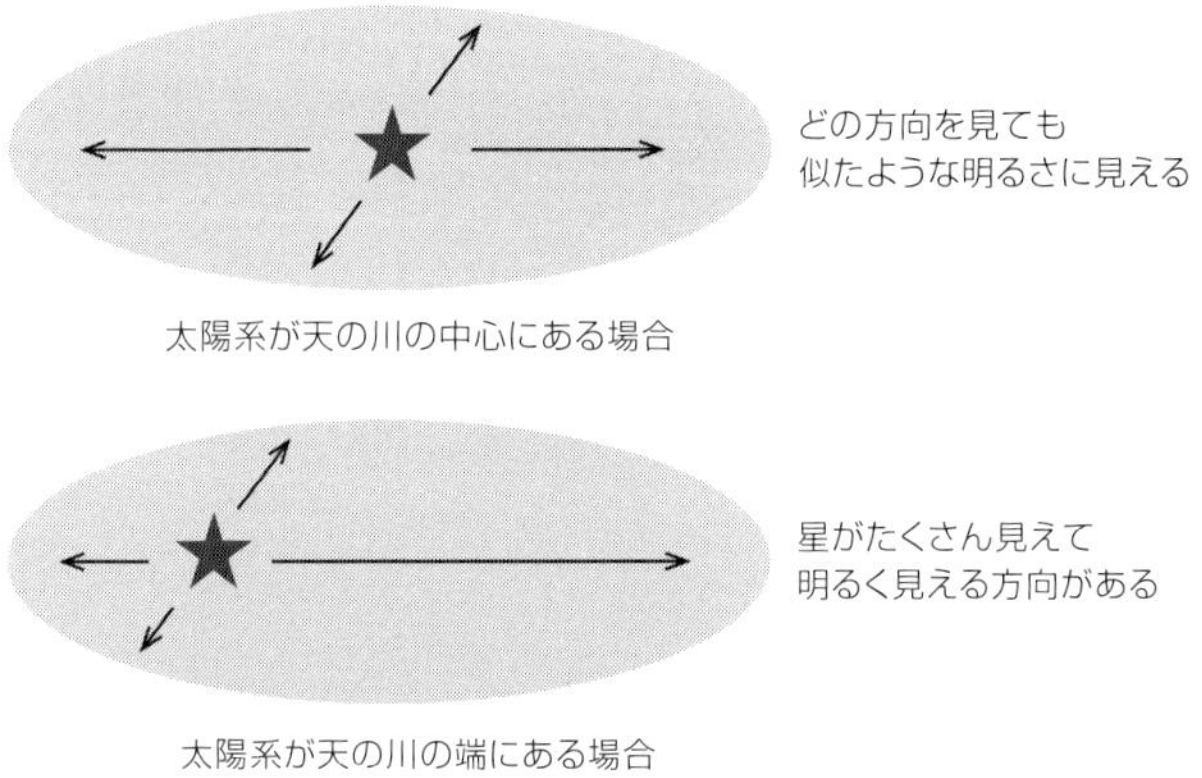
どの方向を見ても
似たような明るさに見える
太陽系が天の川の中心にある場合
星がたくさん見えて
明るく見える方向がある
太陽系が天の川の端にある場合

図1-5｜天の川の中における太陽系（★）の位置によって天の川の見え方に違いが現れることを示す概念図

星の光度（絶対的な明るさ）は同じだと仮定せざるをえなかった。こう仮定すると明るい星は近くにあり、暗い星は遠くにあることになる。しかし、実際には星の光度は一定ではなく、かなり光度のばらつきがあることが今では知られている。そのため、この仮定は天の川の奥行きの正しい評価に大きな影響を与えたことになる。

また、ハーシェルは天の川にある星々をすべて見ていると考えていた。しかし、暗黒星雲の存在からもわかるように、私たちの見ている星々は比較的太陽系の近くにあるものだけである。そのため、ハーシェルは実際より小さな値を得ることになったのだ。現在測定されている天の川の大きさは約10万光年である。仮に、光のスピードで動くロケットに乗れたとしても、天の川を横断するには10万年もかかるということだ。私たちが天の川を旅することは、残念ながらできそうにない。天の川の美しい姿を眺めることができるだけで幸せだ、と思う方が良さそうだ（このことはあとで触れる）。

星はなぜ光る

私たちは多数の星々の世界である天の川に住んでいる。では、星とはいったい何か？　太陽も星の一つだが、なぜあんなに明るく輝いているのか？　一方、地球は星ではない。なぜなら、自分自身で輝くことはないからだ。もし地球が太陽のように輝いていたら、私たちはとても地球に住むことはできない。

天の川にある星々は自分自信で輝いているという意味では、まさに太陽と同じである。そのため、まず太陽はなぜ輝くかという問題が検討されることになった。石炭が燃えているとか、重力で縮みながらエネルギーを出しているなど、諸説議論された経緯がある。しかし、これらのアイデアでは、太陽の寿命が非常に短いものになってしまう。数千年のオーダーにしかならない。地球ですら約50億年の歴史があるのだから、当然、太陽もその程度の寿命が必要になる。

太陽が輝く原理がわかったのは、20世紀になってからだ。その原理は核融合だったのである。1938年イギリスの物理学者、ジョン・コッククロフト（1897-1967）は原子核に陽子

（水素原子核）を衝突させる実験を行い、世界で初めて核融合が現実に起こることを突き止めた。

太陽などの星は基本的にはガス球である。宇宙にある元素の90％は水素なので、星は水素でできていると言っても過言ではない。[*4] では、なぜ星の内部で核融合が起きるのだろうか？ それは星が重いからだ。太陽は典型的な星だが、質量は2×10^{30}キログラムもある（ちなみに地球の質量は6×10^{24}キログラムで、地球の30万倍ある）。星はガスの塊だが、自分自身の重力で縮んでいき、中心領域のガスは圧縮され、極めて高温になる。圧力が2000気圧、温度が1000万度を超えると、水素原子核である陽子はヘリウム原子核に変わる。この現象を熱核融合と呼ぶ。ヘリウム原子核は陽子が2個と中性子が2個からなるが、4個の陽子から1個のヘリウム原子核ができると、質量がわずかながら減る。正確にいうと4個の陽子をたし合わせた質量の0.7％が失われるのだ。質量が減るなんていうことがあるのだろうか？ 反応の前後で質量は保存されるのではないか？ この発想は正しい。しかし、保存されるのは厳密にはエネルギーなのだ。

＊4 宇宙にある元素の90％は水素で、10％はヘリウムである。炭素や鉄などの重い元素は全体の0.01％程度しかない。ちなみに、宇宙にある水素とヘリウムは、宇宙が誕生して最初の3分間に合成されたものである。一方、炭素などの重い元素は星の内部で核融合によって生成され、それが星の爆発（超新星爆発）などでばらまかれたものである。

アルベルト・アインシュタイン（１８７９-１９５５）は光の速度はいかなる慣性系[*5]でも等しく（光速度一定の原理）、秒速30万キロメートルであると仮定して、特殊相対性理論を築きあげた。浜辺で寝そべっていても、時速３００キロメートルで等速直線運動する新幹線に乗っていても、光の速度は等しく秒速30万キロメートルであるということだ。なぜ、時速３００キロメートルの速度は加算されないのか不思議に思うだろう。これは私たちの住む宇宙、空間３次元と時間１次元の都合、４次元の時空が手品のようにうまく調整して、どの慣性系でも光速度が一定になっていることを意味する。そのことに日常生活で気づくことはない。しかし、光の速度に近づくにつれ、調整の度合いは増す。時空は時の流れを遅くしてまで、光速度を一定に保つのである。今まで行われてきた幾多の実験ですでに検証さていることなのだ。

この特殊相対性理論の一つの帰結として〝エネルギーと質量は等価である〟という原理が導かれる。それは次の式で表される。

$$E = mc^2$$

ここで、E はエネルギー、m は物体の質量、c は光速度である。このことを考えると、熱核融合の際に失われた質量はエネルギーとして放出されたことになる。実際にはエネルギーの高い電磁波であるガンマ線として放射される。このガンマ線は星の内部のガスに吸収されるが、ガスはエネルギーを得るので、温度が高くなる。このようにして、太陽の内部は熱核融合のため非常に高温に保たれる。ガスは高温のため激しく運動をするので圧力が発生する。その圧力で、星が自分自身の重力で潰れないようにしているのだ。ガスに閉じ込められた、極めて安定した原子炉が星の中にできあがる。

陽子の質量は約２×10^{-27}キログラムなので、太陽の中にはざっと10^{57}個もの陽子があることになる。つまり、熱核融合の原料はたっぷりある。太陽の場合、約１００億年もの長きに渡って、熱核融合を続けることができる。太陽の現在の年齢は約50億歳なので、あと50億年は持つ計算になる。ひとまずは、安心だ。

星の輝きの源泉は熱核融合であることがわかった。熱核融合の効率は星の質量で決まり、重い星ほど効率が高く、逆に軽い星ほど効率が悪い。そのため、質量の重い星の方が高温になれ

＊5 ニュートンの運動の第1法則である〝慣性の法則〟が成立する座標系のこと。慣性の法則は「すべての物体は、外部から力を加えられない限り、静止している物体は静止状態を続け、運動している物体は等速直線運動を続ける」ことである。

る。星の表面の温度は、もちろん星の中心部ほど熱くはない。星の内部で発生した熱は対流などで表面に運ばれるが、その過程で温度は下がる。太陽の場合、表面の温度は約6000度である。太陽質量の50倍程度重い星になると、表面温度は3万度を超える。逆に太陽の1／10程度の質量の星の表面温度は3000度ぐらいだ。

星の表面は熱の出入りが安定していて、平衡状態を保っている。このように熱的に平衡状態になっているガスから出る放射（熱放射と呼ばれる）の光度は温度の4乗に比例して増える。そのため、太陽質量の50倍の質量を持つ星の光度は太陽質量の1／10の質量しかない星に比べて1万倍も明るい。このことから、天の川の構造を調べるときにハーシェルがどの星も明るさは同じと仮定したことは誤っていたことがわかる。

ここで説明した星は、中心部で水素原子核をヘリウム原子核に熱核融合して輝いている。この反応が星の中心部で起こる標準的なエネルギー発生メカニズムである。実際、星の光度と温度の図にさまざまな質量を持つ星をプロットすると、一つの綺麗な系列を作る。そのため、この反応で輝いている星は〝主系列星〟と呼ばれている［図1-6］。

しかし、ことはそれほど簡単ではない。太陽も主系列星だが、中心部の水素原子核が枯渇してくると、エネルギー不足で星の中心部が縮んでくる。そして、その反動で外層部分は膨らむ。表面温度は下がるので色は赤みを帯びてくるため、このような状態の星は赤色巨星と呼ばれる

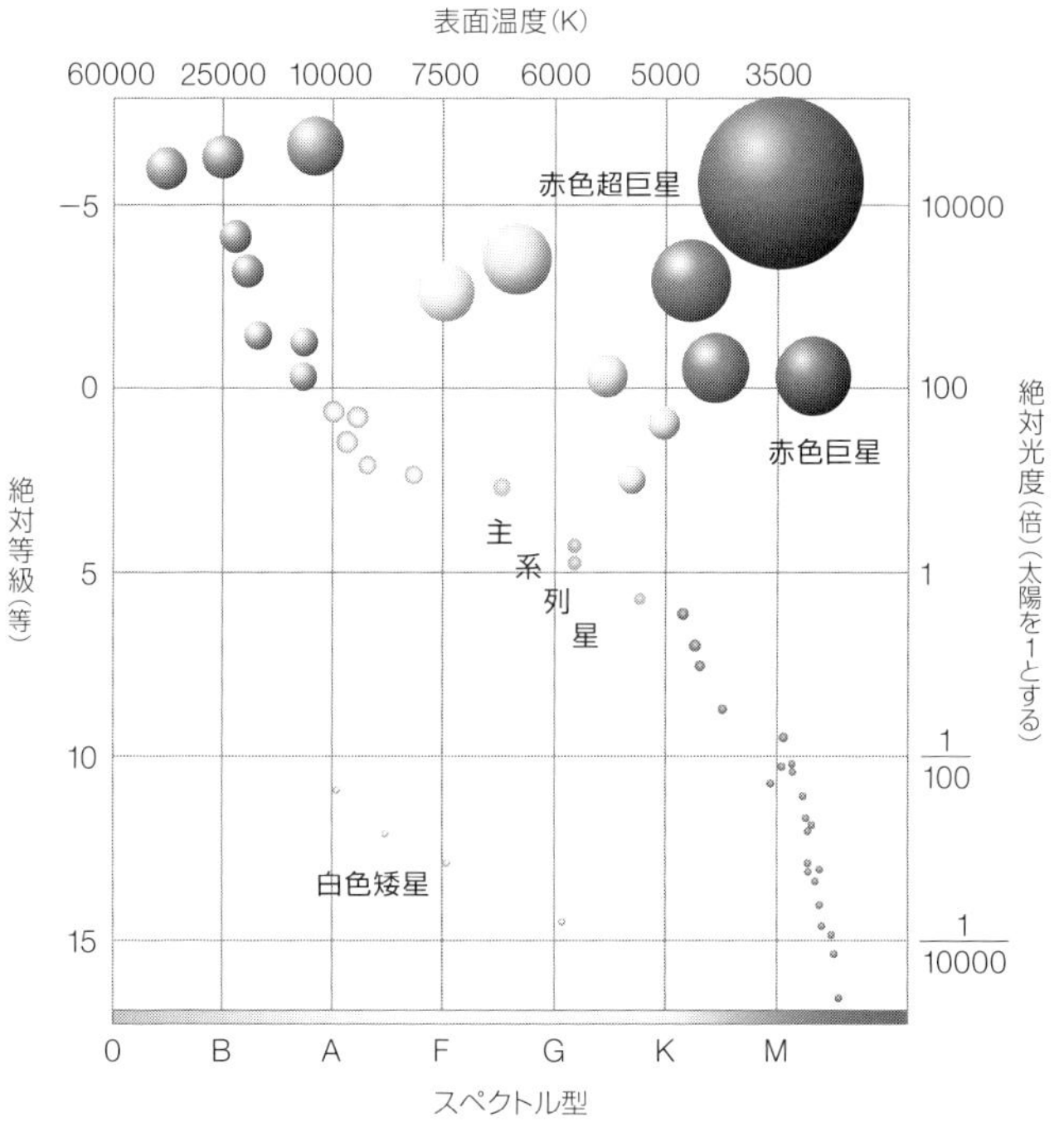

図1-6 | 星の光度と色の関係(提唱者の名前にちなんでヘルツシュプルング-ラッセル図[略してHR図]と呼ばれる)(**口絵1**, 国立科学博物館, http://wondephysics.web.fc2.com/physicsuniverse.html)

（図1-6の右上の部分にくる星々）。最終的には外層は星の外へ流れ出していき、星の中心部はさらに縮んでいく。重力で潰れそうになるのを電子の力（縮退圧と呼ばれる）で食い止めて星の形状を保つことができる。この状態になると表面温度は1万度を超え、色は白く見える。そのため、白色矮星と呼ばれている（図1-6の左下の部分にある星々）。したがって、星は主系列星だけではなく、核融合の進み具合に合わせてさまざまな性質（光度や表面温度）を持つ。そして、質量の重い星の末路は白色矮星ではない。中性子どうしの力でつぶれるのをかろうじて防いでいる中性子星。さらには、重力でつぶれてしまうブラックホールまであるのだ。ただ輝いているのが星ではない。星々の世界も想像以上に多様な世界があることを覚えておこう。ただし、生まれる星の質量には一定の法則がある。重い星ほど個数が少なく、軽い星ほどたくさん生まれるようになっている。なぜ、そうなっているのか理論的には解明されていないが、観測するとそうなっていることがわかる。太陽は普通の星だが、天の川には太陽とほぼ同じ質量の星は100億個くらいある。

群れる星

太陽は太陽系の主《あるじ》として輝く単独星である。ここで単独星と書いたのは、太陽は地球などの8つの惑星[*6]を持つものの、星としては〝孤立した星〟という意味である。

太陽に一番近い星はケンタウルス座のα星（αケンタウリ）だ。この星は単独星ではなく、3つの星からなっている［33ページの図1-7］。大きい順番にαケンタウリA、αケンタウリB、プロキシマ（Proxima）と名付けられている。つまり、3重星だ。プロキシマはラテン語で〝最も近い〟という意味だが、まさにこの星が太陽に一番近い星なのである（距離は4・22光年）。

さて、単独星と3重星が出てきたが、じつは連星が最も ポピュラーである。天の川にはざっと2000億個もの星があるが、約70％は連星であることがわかっている。広い天の川にあっては、星も寂しがり屋ということなのかもしれない。

星団

単独星、連星、3重星。いろいろあるが、天の川を眺めるともっと星が群れている場所が

＊6 太陽の惑星は太陽に近い順番に、水星、金星、地球、火星、木星、土星、天王星、そして海王星の8個である。海王星の外側にある冥王星も惑星とされていたが、2006年に開催された国際天文学連合の総会で、惑星ではなく準惑星という新しいカテゴリーに分類されるようになった。ちなみに惑星の定義は以下の三つである。（1）星の周りを公転運動している、（2）自分自身の重力で球状の形をしている、（3）自身の公転運動の軌道の近くに類似の天体が存在しない。冥王星は残念ながら（3）の基準を満たさない。海王星以遠には冥王星クラスの天体がいくつか存在するためである。

ある。星団と呼ばれるものだ。星団はその見かけから、〝散開星団〟と〝球状星団〟の2種類に分類される。

散開星団はその名の通り、星が散らばったように見える星団で、代表選手は〝プレアデス星団〟である［図1-8］。和名は〝昴《すばる》〟。国立天文台がハワイ島のマウナケア山頂で運用する口径8・2メートルの〝すばる望遠鏡〟の名前の由来にもなった星団だ。先にも述べたが、清少納言の枕草子でも愛でられている。

3等星から4等星の星が6個あるので、おうし座の方角を眺めれば、見つけるのはたやすい[*7]。他にも6等星から7等星の星まで入れると数十個はある。ガリレオは自作の望遠鏡で36個の星を確認している。双眼鏡でぜひとも眺めてみたい星団だろう。

散開星団は星が集団で生まれた場所だが、天の川の中を運動するうちに壊れてしまうこともある。おおぐま座の北斗七星は多くの人が眺めたことがあるだろう。じつは、北斗七星はもともとひとつの星団の中で生まれたのだが、今は壊れ、7つの星は散り散りになりつつある姿な

＊7　星の等級について説明しておこう。星の等級を定義したのは古代ギリシャのヒッパルコス（紀元前190年頃-紀元前120年頃）である。彼は見かけ上、一番明るい星を1等星、一番暗い星を6等星とした。このように定義すると、1等級の差は約2・5倍に相当する。つまり、1等級は6等級に比べると$(2.5)^5$＝100倍明るいことになる。

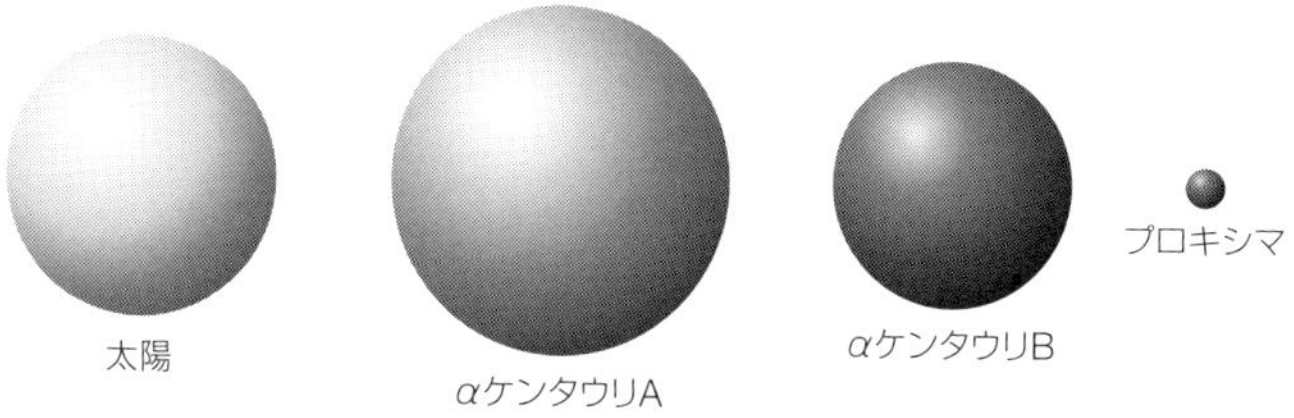

図1-7｜太陽とαケンタウリの3重星とのサイズの比較（https://ja.wikipedia.org/wiki/ケンタウルス座アルファ星#/media/File:Alpha_Centauri_relative_sizes.svg）

図1-8｜プレアデス星団（口絵2. https://ja.wikipedia.org/wiki/プレアデス星団#/media/File:Pleiades_large.jpg）

のだ。見慣れた柄杓《ひしゃく》の姿だが、そう思って眺めると、少し悲哀を帯びているようにも見えるのは気のせいか。

一方、球状星団もその名の通りで、球状に星々が集まったものである[図1-9]。散開星団に比べると星の数は非常に多く、10万個から100万個を数えるものもある。散開星団は天の川の円盤部にあるが、球状星団は天の川を取り囲む領域に分布している。天の川には約150個もの球状星団がある。だが、その起源は、いろいろ研究はされてきているものの、未だに謎となっている。

そもそも散開星団の星の年齢は比較的若く、数千万年から数十億年であるが、球状星団の星の年齢は125億歳以上であると推定されている。この年齢は天の川の年齢と同程度なので、天の川が生まれたときに、一緒に生まれた可能性がある。その意味で、球状星団は天の川銀河の化石の役割を果たしてくれる、貴重な天体となっている。

図1-9｜さそり座の方向にある球状星団 NGC 6093(M80)(口絵3, NASA/STScI)

天の川の中にあるもの

天の川にある星々の世界をざっと見てきた。天の川を注意深く眺めると、天の川にあるものは星だけではないことに気がつく。すでに、私たちは暗黒星雲の存在に気がついている。ここで注意すべきは〝星雲〟という名前だ。星雲は星の雲と書く。しかし、星は星。雲ではない。あえて言えば、星雲は星の世界に垣間見える、雲のようなものだ。

星雲といえば、オリオン大星雲だろう［図1-10］。オリオン座の三つ星の下。南北に並ぶ小さな三つ星の方向に見える星雲だ。まるで、鳥が翼を広げているように見える。自然の造形は人智を超えている。明らかに星ではない。成分は星と同じガスだが、星のように球状にはなっていない。まるで奔放に広がっている。それが星雲だ。

ガスはなぜ光る

星は熱核融合をエネルギー源として光っている。では、ガスの雲はなぜ光るのだろうか？

図1-10｜オリオン大星雲（口絵4，東京大学・木曽観測所）

じつは、星雲の世界もさまざまである。ざっと分類すると以下のようになる。

・暗黒星雲　チリ粒子を含むガス雲が背景の光を散乱・吸収して暗く見えている星雲
・散光星雲　反射星雲　近傍にある星の光を散乱して輝く
　　　　　　電離ガス雲　星による電離ガス雲、超新星爆発に伴う電離ガス雲

星雲にもいろいろあるので、それぞれ、どんな性質を持つのか見ていくことにしよう。

暗黒星雲

まず、暗黒星雲だが、これはチリ粒子を含むガス雲が背景の光を散乱・吸収し、あたかも何もない場所のように見えるものだ。一番有名な暗黒星雲はオリオン座の方向にある〝馬頭星雲〟である［図1-11］。

可視光で見る限り、暗黒星雲は自ら輝いている星雲ではない。しかし、そこに物質がないわけではない。実際には、物質はたくさんある。何しろ背後からやって来る光を吸収したり散乱したりしているほどだ。単に、可視光では光らないというだけである。

暗黒星雲の主成分は冷たい分子ガスやチリ粒子である。ところで、〝冷たい〟という言葉を

図1-11｜馬頭星雲(口絵5, NASA/STScI)

聞いて、どのぐらいの温度を思い浮かべるだろう？　冷たいのだから、まずは氷点下。つまり、0℃以下だろうと思うのが普通だ。しかし、宇宙空間の普通は私たちの普通とはかなりかけ離れている。暗黒星雲にあるガスの典型的な温度はマイナス260℃程度しかない。

では、暗黒星雲は死の世界かというと、それは間違いだ。そこにある分子ガスやチリ粒子は次世代の星を作る材料である。これらの材料は温度が低いため、可視光では光らない。しかし、赤外線や電波では光っていることを忘れてはならない。

太陽系も一つの暗黒星雲から生まれたはずである。可視光で見えないからといって侮ってはいけない。暗黒星雲こそが、星のふるさとなのだ。

反射星雲

他の天体の光を反射して輝く。それが反射星雲だ。つまり、これも自分自身で輝いているわけではない。たとえば、近くに明るい星があり、それが星雲にあるチリ粒子によって反射され、あたかも光っているように見える。

じつは、私たちはすでに反射星雲を見ている。プレアデス星団である。図1-8を今一度見てほしい。星々の間に刷毛《はけ》で掃いたようなガス雲が見える。これが反射星雲だ。チリ粒子はどんなガス雲にも大なり小なり含まれている。そのため、反射星雲として見えているものは結構多い。

電離ガス雲

最後は電離ガス雲である。〝電離〟という言葉を聞くと、なんだか難しそうな感じがするかもしれない。確かに私たちの身近で、電離しているものを見ることはほとんどない。私たちが呼吸している空気も電離していない。あえて探せば、雷ぐらいのものだ。ところが、宇宙には電離ガスで満ち溢れている。

では、電離とはなんだろう。一番簡単な水素原子を考えてみよう。水素原子は陽子と電子が結合したものだ。陽子はプラスの電荷を持ち、電子は電荷としての大きさは同じだが、マイナスの電荷を持つ。プラスとマイナスの電荷でお互いに引き合い、何事もなければ水素原子として安定に存在している。しかし、どうだろう。陽子と電子の結合エネルギーを超える出来事が水素原子に降りかかることもある。たとえば、強烈な光にさらされる。あるいは、ものすごい勢いでガスが衝突してくる。このような出来事が起こると、水素原子は壊れる。陽子と電子に分かれてしまうのだ。電荷を持ったものが離れる。それを電離という。

さて、陽子と電子が分かれたとしよう。彼らはその後、どうするのだろう。もともとはプラスとマイナスの電荷で引き合っていた仲だ。電離で離れ離れになったとしても、絆は深い。彼らはまたよりを戻す。つまり、陽子と電子は再び結合し、水素原子になる。これを再結合と呼ぶ。再結合するとき、余分なエネルギーを光として放射する。また、再結合したあとも、最もエネルギーの低い状態まで、どんどん光を放射していく。このとき、ガス雲は光る。それが電離ガス雲の姿なのだ（詳しくは87-89ページの説明を参照）。

電離ガス雲と聞くと、ずっと電離した状態のガス雲を思い浮かべる。だが、実はそうではない。陽子と電子が再結合して輝いているのだ。ただ、再結合したとしても安閑としてはいられない。また、電離されるからだ。つまり、電離ガス雲は電離されたり、再結合したりしながら輝いている。どうにも騒々しい電離ガス雲の世界である。

強烈な光で電離されている電離ガス雲の代表格はオリオン星雲であり、すでに、図1-10に示した。ここでは、衝突で電離された電離ガス雲の代表例として、超新星残骸〝かに星雲〟を紹介しておこう［図1-12］。おうし座の方向に見えるこの星雲は、ある意味、由緒正しい。藤原定家が著した『明月記』に記された超新星の今の姿なのだ。爆発は明月記によれば1054年のことだった。強烈な爆風でガスは電離して、美しく輝いている。さきほど、電離の説明では簡単のため水素原子を例にとった。しかし、電離されるのは水素原子だけではない。炭素も、窒素も、酸素も、さまざまな原子が電離される。それらはさまざまな波長で輝く。そのため、かに星雲は色鮮やかな姿をしている。

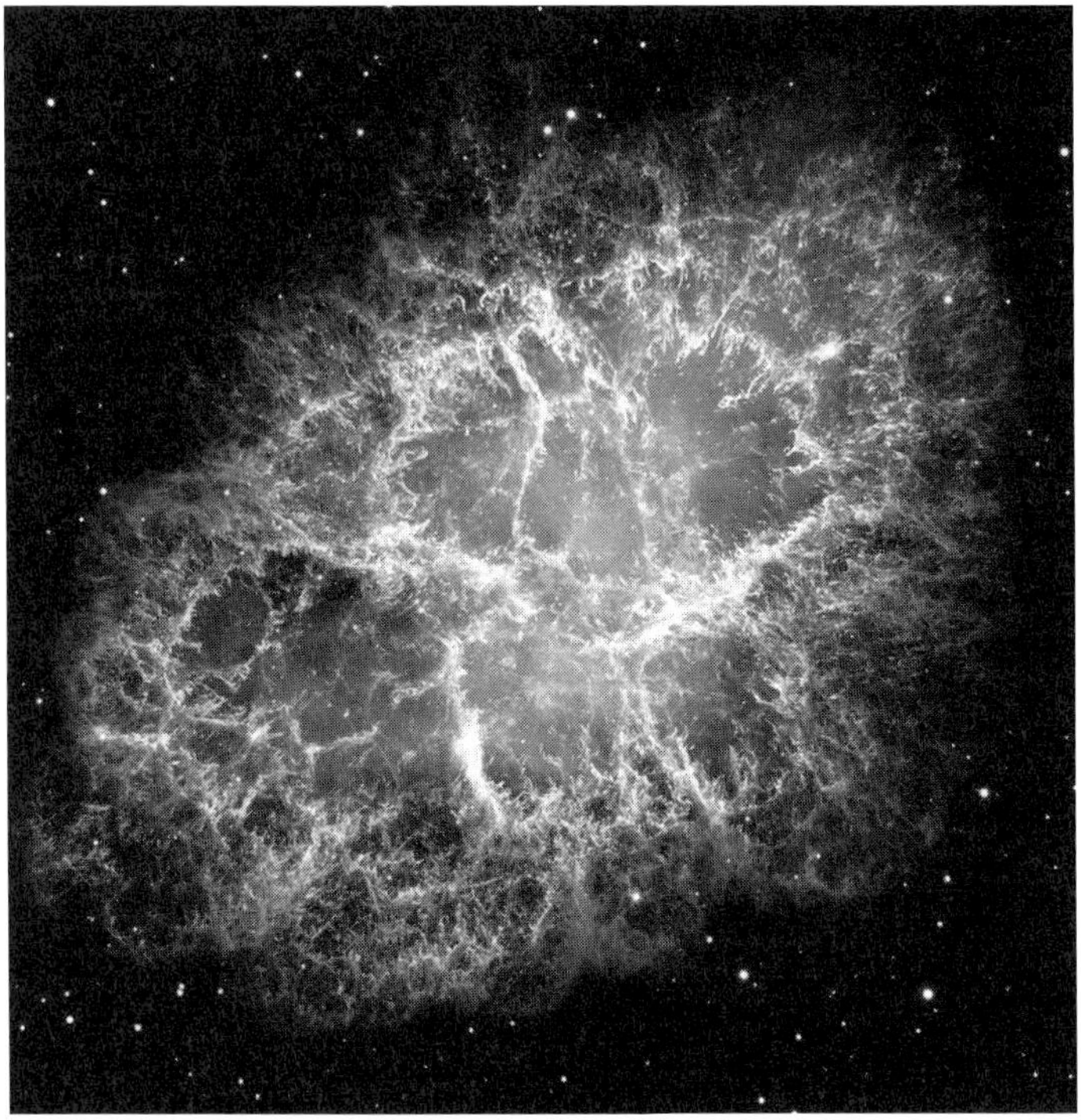

図1-12｜超新星残骸のかに星雲(口絵6. NASA/STScI)

星雲の最後の種類として惑星状星雲を紹介しておこう。名前に〝惑星〟という言葉が使われているが、惑星とはまったく関係ない。小口径の望遠鏡で眺めると、惑星のように明瞭な境界があり、あたかも木星などの惑星に似ているように見えるため名付けられたものである。なんと、名付け親は天の川の構造の研究に先鞭をつけたウイリアム・ハーシェルだった。

物理的な名称ではないので、研究者の間では「名称を変更したほうが良いのではないか」と何回か議論された経緯がある。しかし、歴史的な名称というものは、なかなか変えることができないものだ。そのため、現在でも惑星状星雲という言葉が使われている。

惑星状星雲は太陽のような中程度の質量を持つ星の最後の進化段階で現れる。すでに述べたように太陽は中心部の水素原子核を使い果たすと、星の外層が膨らんでくるが、最終的には星の外側へとガスが流れ出していく。一方、星の中心部は縮んでいく、表面温度は1万度を超え、白色矮星と呼ばれる状態になる。星の表面から星の周りに流れ出したガスは白色矮星から放射される紫外線で電離され、電離ガス雲が誕生する。これが惑星状星雲として見えているのだ［図1-13］。

惑星状星雲の形はさまざまで、美しい。形にバラエティがあるのは、ガスがどのように星の表面から流れ出すか、そしてその結果、どのようにガスが分布するか、星によっていろいろあるからである。じつは、今から約50億年後、太陽の周りにも惑星状星雲ができる。果たして、

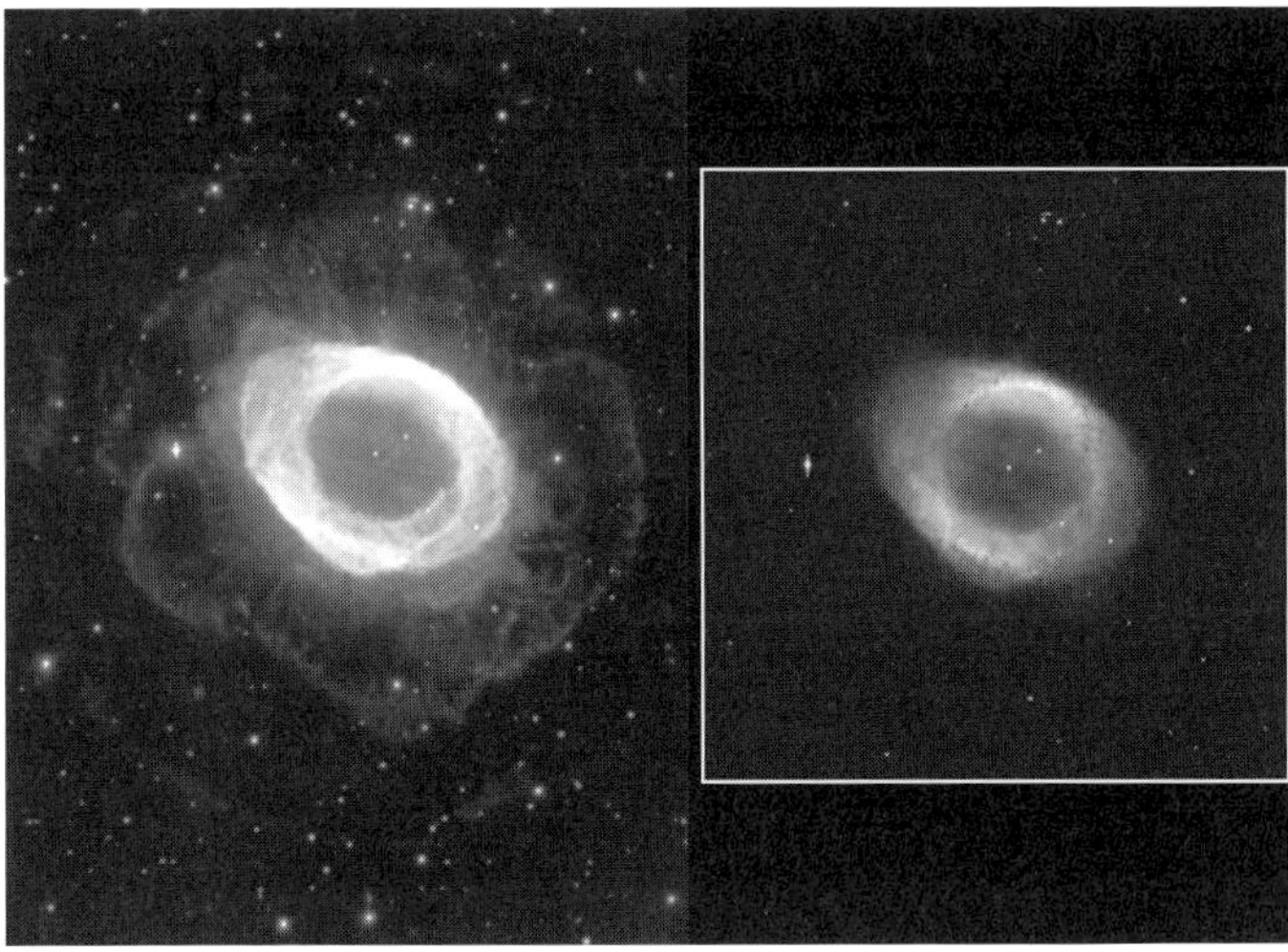

図1-13｜こと座の方向に見える惑星状星雲M 57。距離は約2600光年。小口径の望遠鏡でも見ることができる。中心に見える白い星がこの星雲を電離している。すばる望遠鏡で撮影されたイメージ（左）には星雲の周りに微かな構造がさらに取り巻いていることがわかる（**口絵7**, http://subarutelescope.org/Pressrelease/1999/09/16a/M57_ha_300.jpg）

どんな姿を見せてくれるのだろうか？　私たち自身がそれを見ることができないのが、残念である。

天の川の姿、再び

天の川、あるいは私たちの住む宇宙。そこは、眺めれば星々の世界のように見えた。しかし、どうもそうではない。そこには、少なからず星雲と呼ばれるものもある。まるで、天の川に色どりを与えるかのようだ。私たちは何も求めてはいない。だが、好むと好まざるとにかかわらず、天の川は美しい。

可視光で見る銀河系［図1-4］は暗黒星雲が目立っていたので、銀河系の全貌を見るのは難しかった。そこで、今度は近赤外線（波長2ミクロン：可視光より数倍長い波長の光）で銀河系を見てみることにしよう［図1-14］。

近赤外線はチリ粒子による散乱や吸収の影響を可視光に比べて受けにくいので、天の川の円盤部にある暗黒星雲の影響が軽減される。そのため、円盤が非常に美しく見えている。中央に見える少し膨らんだ構造はバルジと呼ばれる。バルジはまさに〝膨らんだ〟という意味だ。右下に見える二つの小さな物体は大・小マゼラン雲と呼ばれ、天の川のそばにある銀河である。南半球に行くと、見ることができる。私は南米のチリに行ったときに見たことがあるが、本当

図1-14｜近赤外線で見た銀河系（2MASS）

に雲と見間違えるようで、感動した覚えがある。名前の由来はフェルディナンド・マゼラン（1480-1521）。

大航海時代、新大陸を求めて海原に出た、ポルトガルの探検家だ。スペインのセベリアから出帆した彼の採った航路は赤道を超えて南米に向かうものだった。南米の南端（マゼラン海峡）を通過して太平洋に出たわけだが、しばらくは南半球の航路を旅した。マゼラン雲は彼の道中の良き伴侶だったのかもしれない。

さて、目を凝らして図1-14を今一度見ていただきたい。バルジの左下から下向きに淡い何かがあることに気がつく。これは〝いて座ストリーム〟と呼ばれている。なぜこのようなものがあるのだろうか？ 驚くことに、これは10億年以上前に天の川に衝突した小さな銀河の名残なのだ。

私たちは自分の住んでいる天の川は悠久の昔から存在し、大過なく今まで過ごしてきたのだと思いがちである。しかし、それは明らかに間違っている。そもそも私たちの住む宇宙は今から138億年前に生まれたのだ。そのとき、時間と空間が生まれたが、天の川の影も形もなかったのだ。宇宙が誕生して2、3億年経過した頃、天の川の種が生まれ、それをもとに長い時間をかけて育ってきた。その間、幾多の試練があったことだろう。現在、私たちは図1-14に示したような美しい天の川に住んでいる。それは奇跡に近いことなのかもしれない。

渦を巻く天の川

さて、私たちの住む天の川はとても美しいことがわかった［図1-14］。しかし、太陽系は天の川の円盤部の端の方にあるので、円盤を真横から眺めているだけである。もし、天の川の外に飛び出て、天の川を真上から見たら、どんな形をしているのだろう？ とても気になるが、残念ながら天の川を飛び出すことはできない。

ところが、天の川を真上から眺めたらどんな姿になっているか、調べることはできる。可視光は役に立たない。近赤外線は図1-14に示したように、天の川の姿をあぶり出すには役に立つが、真上から見た様子を調べるには不向きだ。ここで登場するのが電波による観測である（第2章、図2-1も参照されたい）。天の川にあるガスの大半は水素である。水素は非常に温度が低い場所では水素分子になっているが、おおむね水素原子の状態にある。水素原子は自分自身のエネルギー状態をわずかに変えながら存在しているが、そのとき電波を放射している。波長21センチメートルの電波である。

ガスは運動すると、私たちとの相対速度の分だけ、波長がわずかに変化する。ドップラー効果と呼ばれる現象だ。救急車が近づいて来るとき、サイレンの音は高く聞こえるが、遠ざかるときは音が低くなる。これと同じことが天の川の中にある水素原子の放射する電波でも起こる。私たちに近づいていてくる水素原子から放射される場合は、波長が少し短くなる（周波数は高くなるので、音だと思えば高い音になる）。逆に遠ざかる水素原子から放射される場合は、波長が少し長くなる。

天の川に円盤があるということは何を意味するだろうか？ 円盤といってもフリスビーのような硬い構造をしているわけではない。そもそも円盤にあるのは星とガスである。そのため、円盤が安定して存在するには、円盤が回転している必要がある。そうすると、円盤の中にある星は重力と遠心力がつりあって、安定して回転運動することができる。そして、円盤の回転する様子は水素原子の放射する波長21センチメートルの電波を測定すればわかるのだ。何しろ電波の波長は長い。それに比べてとても小さいチリ粒子の散乱や吸収の影響はほとんどない。そのため円盤の端っこまできちんと見通すことができる。その原理を図1-15に示す。

水素原子は円盤の至る所にあるので、一つの方向を見ても、さまざまな速度の成分が検出される。それはそれで厄介なことだが、円盤のさまざまな半径の場所での運動情報を私たちに教えてくれているので有用だ。実際に観測されたデータを見てみることにしよう［52-53ページの

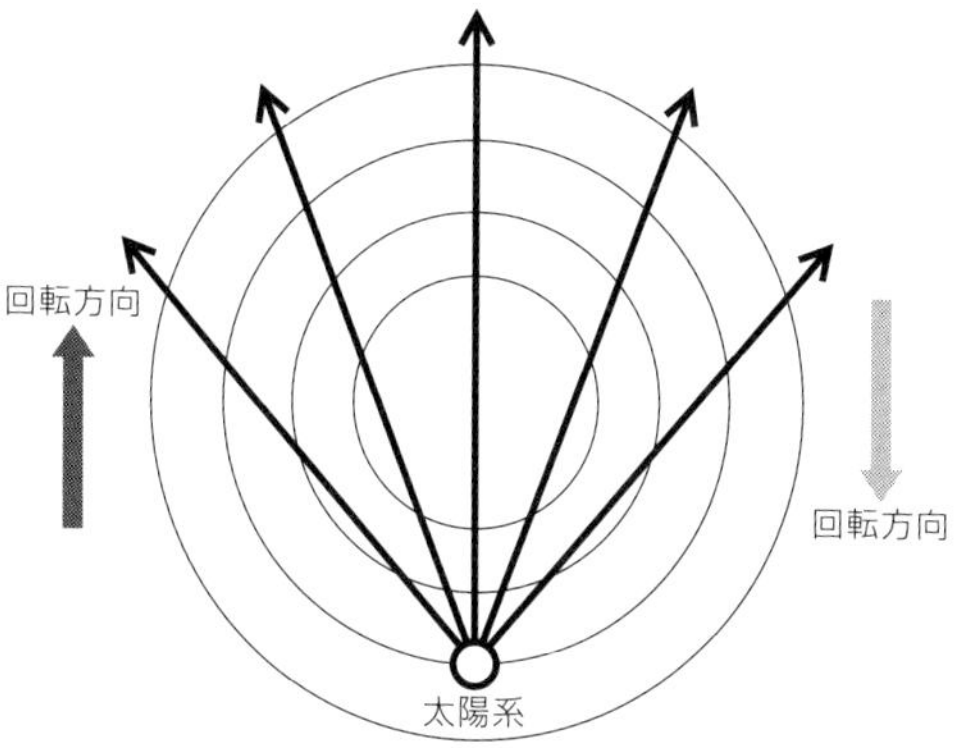

図1-15｜水素原子の放射する電波で天の川の円盤を調べる様子。調べる方向（黒い矢印）は簡単のために5本しか描いていないが，実際の観測ではあらゆる方向に対して行う。この観測により天の川の回転する方向は右回りであることがわかる

図1-16」。横軸は円盤を眺める方向で、縦軸は水素原子の運動速度である。上に行くほど速度は大きく、下に行くほど速度は小さい（太陽系に対する相対速度なので、図の下側では速度がマイナスになっている）。かなり複雑なので、詳細には目をつぶっていただいて良い。大事なことは、この図には水素原子の運動速度が天の川の中心に対して対称的に正負の値を示していることである。つまり、天の川の回転する様子が見えているのだ。

問題はこの観測結果をどのように利用すれば、天の川を真上から眺めた図になるかだ。天の川の中にあるガスの運動を支配するのは何だろうか？　それは重力場である。天の川の中で、質量を持つ物質がどのぐらい、どこに分布しているかが鍵になる。そうだとすれ

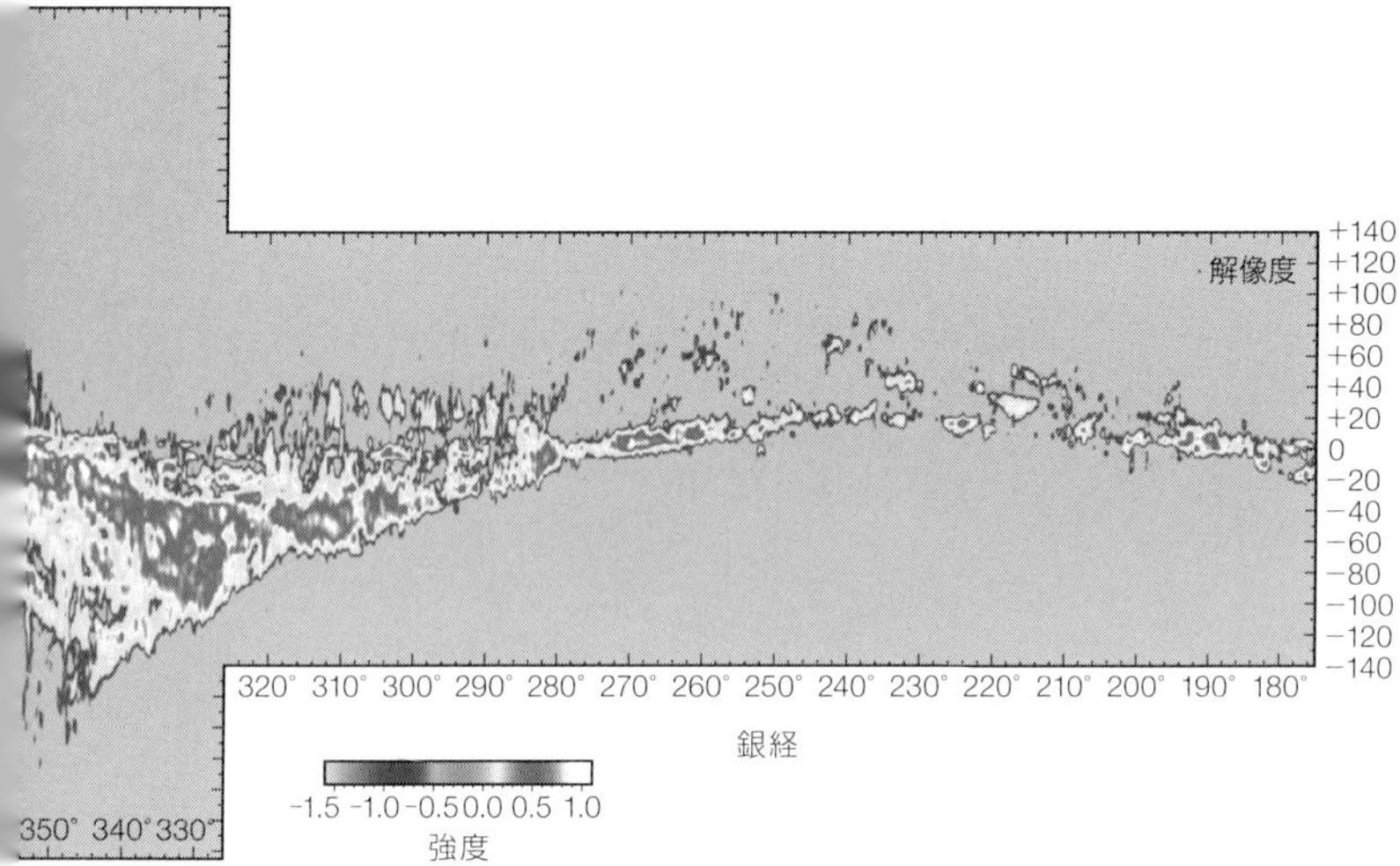

解像度
+140
+120
+100
+80
+60
+40
+20
0
−20
−40
−60
−80
−100
−120
−140
320° 310° 300° 290° 280° 270° 260° 250° 240° 230° 220° 210° 200° 190° 180°
350° 340° 330°
銀経
−1.5 −1.0 −0.5 0.0 0.5 1.0
強度

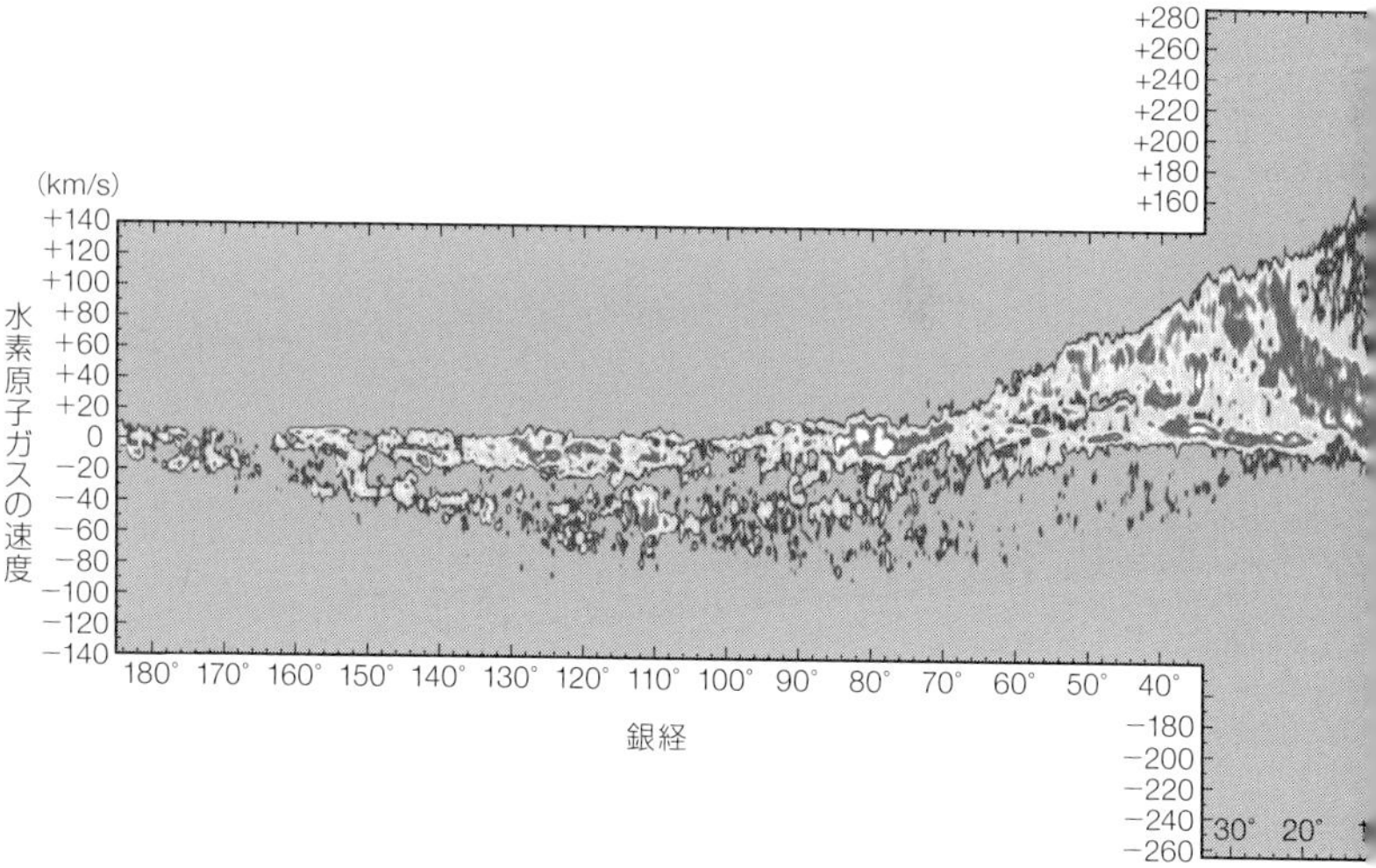

図1-16｜天の川の水素原子ガスの運動状態を示す図(回転曲線と呼ばれる)。この図は銀河座標で表されており横軸は銀経(銀河中心が0°で東向きに測る),縦軸は水素原子ガスの速度(**口絵8**, Dame *et al*. 2001, *ApJ*, 547, 792)

ば、図1‐16に示した水素原子ガスの運動を再現する重力場を見つけ出せば良いことになる。原理は簡単だが、実際に見つけ出すのは容易ではない。しかし、今の時代、コンピューターがある。さまざまな重力場のモデルを作り、どのモデルが図1‐16の観測データを最もよく再現するかを突き止めていけば良い。そうして得られた最も良いモデルが図1‐17である。図1‐16と見比べてほしい。極めてよくデータを再現していることがわかるだろう。

では、このモデルにおける物質の空間分布を見てみよう。それが図1‐18だ。これこそが、天の川を真上から見た姿に他ならない。なんと美しい姿だろう。中央部には少しひしゃげた構造が見える。これは一般には棒状構造と呼ばれている。そして、この構造の端から伸びる渦巻きがいくつか見える。私たちの住む天の川はこんなに綺麗な姿をしていたのだ。感動的である。

天の川には約2000億個もの星がある。大きさはすでに述べたが、10万光年。とても巨大で重いシステムだ。

私たち人類は、しばらくの間、この天の川が宇宙全体だと思っていた。しかし、実はそうではない。天の川は銀河と呼ばれる星の大集団であり、あまたある銀河の一つに過ぎないことがわかったからだ。それは1924年のことだった。

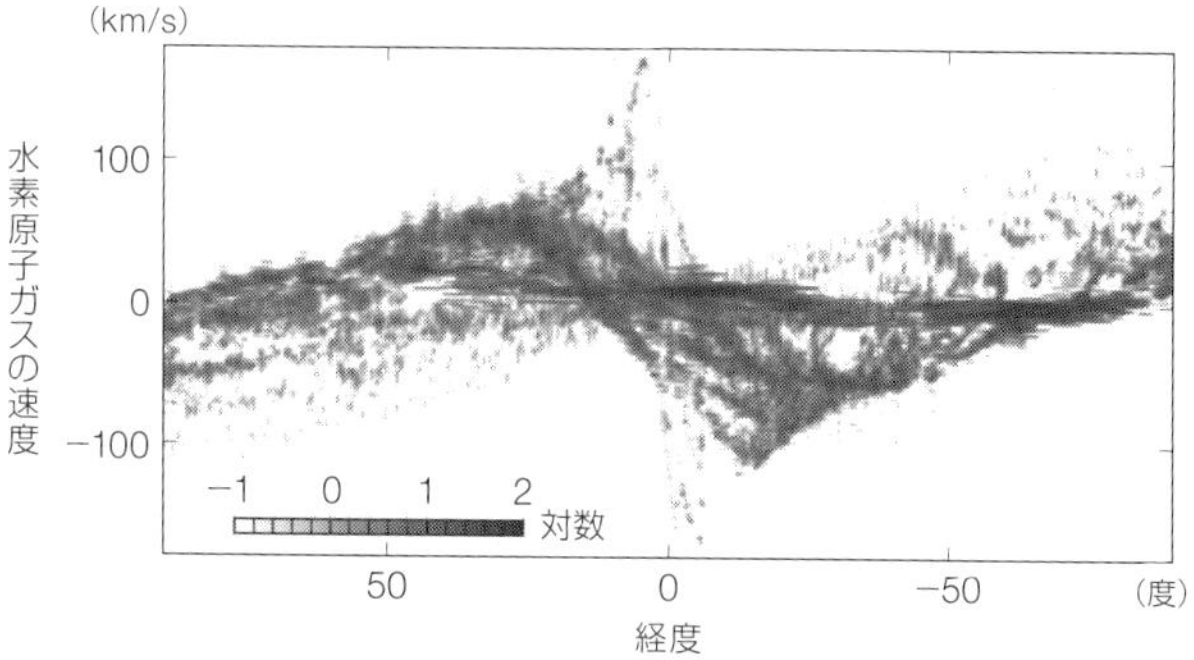

図1-17｜コンピューターで再現した水素原子ガスの回転曲線(Baba *et al.* 2010, *PASJ*, 62, 1413)

図1-18｜コンピューターで再現した水素原子ガスの回転曲線を実現する物質の空間分布。中央より下の方の二重丸は太陽系の位置(**口絵9**. Baba *et al.* 2010, *PASJ*, 62, 1413)

渦巻星雲の謎

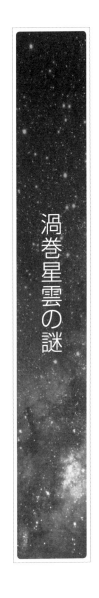

ここに来て、ようやく銀河という言葉が出てきた。英語名は天の川を意味するギリシャ神話の時代の〝γαλαξίας(galaxias)〟という言葉にちなんでgalaxyである。私たちの住む天の川銀河は特別にthe Galaxyと表記される。

もともと私たちは天の川が宇宙のすべてだと思っていたわけだが、19世紀後半になると、少し情勢が変わってきた。それは星雲の中に渦巻星雲と分類されるものがあることだった。はたして天の川の中にあるのか、それとも外にあるのか、議論の的になり始めたからだ。

天文学者の間ではこの議論がどんどんエスカレートしていき、ついには〝大論争(the Great Debate)〟と称される会議が開催されるに至った。1920年のことだ。場所はアメリカのスミソニアン自然史博物館である。この会議では二人の天文学者が登壇した。

・ハーロー・シャプレイ：渦巻星雲は天の川の中にある

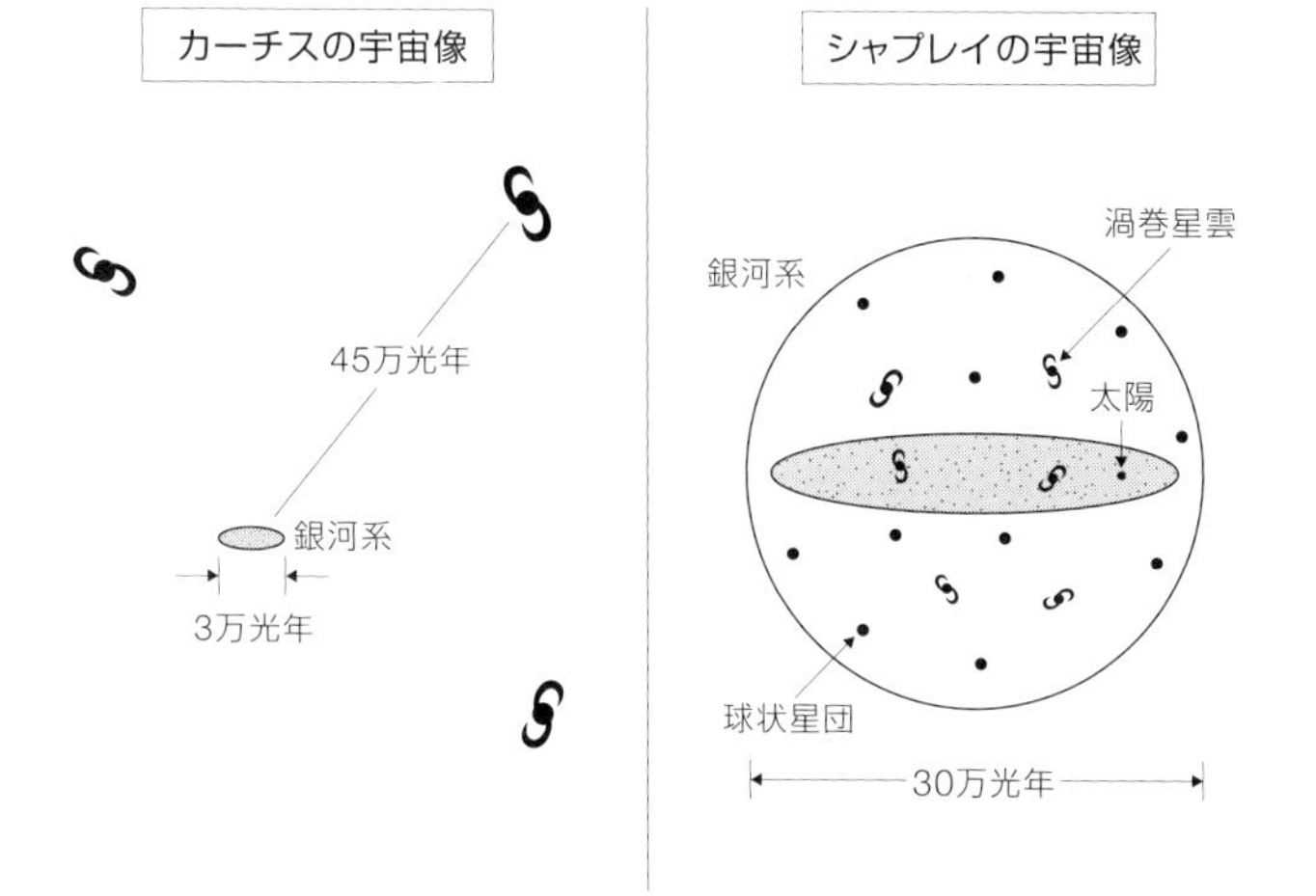

図1-19｜1920年の大論争で議論されたアイデア

・ヒーバー・カーチス　…渦巻星雲は天の川の外にある

二人はそれぞれ持論を展開した［図1-19、20］。

シャプレイの主張は渦巻星雲は球状星団と同様に、天の川のまわりを取り囲むように存在しているというものだった。そして、天の川のサイズは30万光年だとした。一方、カーチスは渦巻星雲は天の川の外にある別の宇宙だと主張した。また、天の川のサイズは3万光年程度しかないと推定した。結局、議論は堂々めぐりとならざるを得なかった。なぜなら、渦巻星雲までの距離を測定する術がなかったからだ。もちろん現在では渦巻星雲は天の川の外にあることがわかっているので、基本的にはカーチスの主張の方が正しかったことになる。ただ、彼は天の川のサイズを過小評価していた（実際には10万光年）。

この大論争に決着をつけたのは、同じくアメリカの天文学者、エドウイン・ハッブルだった［図1-21］。当然のことながら、ハッブルも大論争のテーマに興味があった。彼が幸運だったのは、世界最高性能を誇るウイルソン山天文台（米国カリフォルニア州）にある口径2・5メートルの反射望遠鏡を使える身分だったことだ。彼は渦巻星雲の観測を精力的に行っていたが、問題はやはり距離の測定だった。何か距離の指標になるものがない限り、渦巻星雲までの距離を決めることはできない。

ハッブルが天文学の研究を始めた頃、一つの大発見があった。それはセファイド型変光星と呼ばれる、明るさを周期的に変える星が距離の指標になることが発見されたことだ。発見したのはヘンリエッタ・リービット［図1-22］。彼女は天文学者ではなく、実験助手のような立場で、天文台で撮影された写真の整理に従事していた。彼女に与えられた仕事は南半球の天文台で撮影された大小マゼラン雲の写真を使って、写っている星の明るさを測定することだった。この作業で彼女の才能は花開いた。なんと、2000個以上の変光星を発見したのだ。

変光星を発見するだけなら、誰にでもできる。彼女のすごいところは、変光星の規則的な変化に気づいたことだ。

明るさを変える変光星にはセファイド型変光星と呼ばれるものがある。このタイプの変光星

図1-20｜[右]シャプレイ(Harlow Shapley 1885-1972)(Photo American Institute of Physics Niels Bohr Library)[左]カーチス(Heber Doust Crtis 1872-1942)(https://en.wikipedia.org/wiki/File:H._D._Curtis_Lick_Observatory.jpg)

右｜図1-21｜エドウイン・ハッブル(Edwin Powell Hubble 1889-1953)(Photo courtesy Observatories of the Carnegie Institution of Washington)
左｜図1-22｜ヘンリエッタ・リービット(Henrietta Swan Leavitt 1868-1921)(https://commons.wikimedia.org/wiki/File:Leavitt_aavso.jpg)

は星の半径が大きくなったり小さくなったりする「脈動」という現象のため変光が起こる。しかも、変光は周期的に起こる。数時間から約100日程度の周期で、規則的に明るさが変化する[図1-23]。彼女が幸運だったのは小マゼラン雲のセファイド型変光星を系統的に観測したことだ。観測した変光星はすべて小マゼラン雲にあるので、距離は同じである。そして、彼女は一つ面白い関係があることに気がついた。

・明るいセファイド型変光星ほど変光の周期が長い[図1-24]

つまり、周期を測れば、セファイド型変光星の絶対的な明るさが推定できるのだ。この発見は1912年に論文として報告された。

彼女の発見を聞いて、ハッブルは「これは使える」と確信した。アンドロメダ銀河の距離を求めたければ、アンドロメダ銀河の中にセファイド型変光星を探せばよい。そして、モニター観測をして変光の周期を求める。周期が求まれば、そのセファイド型変光星の絶対的な明るさがわかる。それを見かけの明るさと比較すればアンドロメダ銀河までの距離がわかるではないか！

ハッブルは必死になってアンドロメダ銀河の中にあるセファイド型変光星を探すモニター観

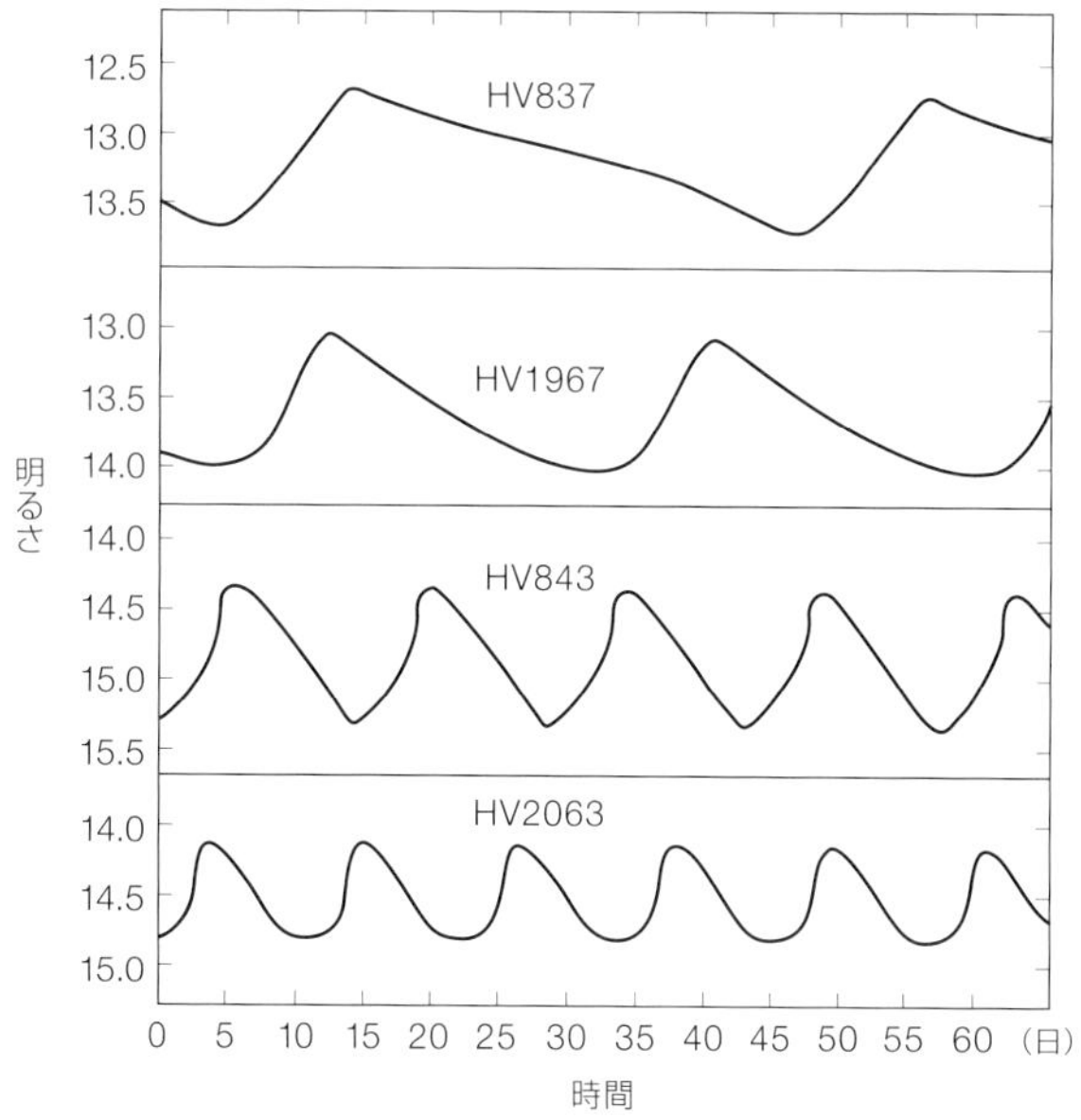

図1-23 | セファイド型変光星の変光の様子

測を続けた。そしてついにアンドロメダ銀河の距離を推定することに成功した。彼の得た距離は100万光年。現在では250万光年と推定されているが、100万光年という数字を得たのは大偉業だった。なぜなら、天の川の大きさは10万光年である。どう考えても、アンドロメダ銀河は天の川に属しているのではなく、独立した銀河であると考えるしかないからだ。

1924年、ハッブルが大論争に決着をつけた年である。この年、天の川は全宇宙ではなく、宇宙の中の一つの銀河でしかないことがわかった。コペルニクス的転回[*8]どころではない。ハッブル的展開ともいうべき大事件がこの年に起こったのだ。

＊8　コペルニクスは天動説ではなく地動説を提唱した。このように物事の見方を180度変えてしまうような状況を〝コペルニクス的転回〟という。

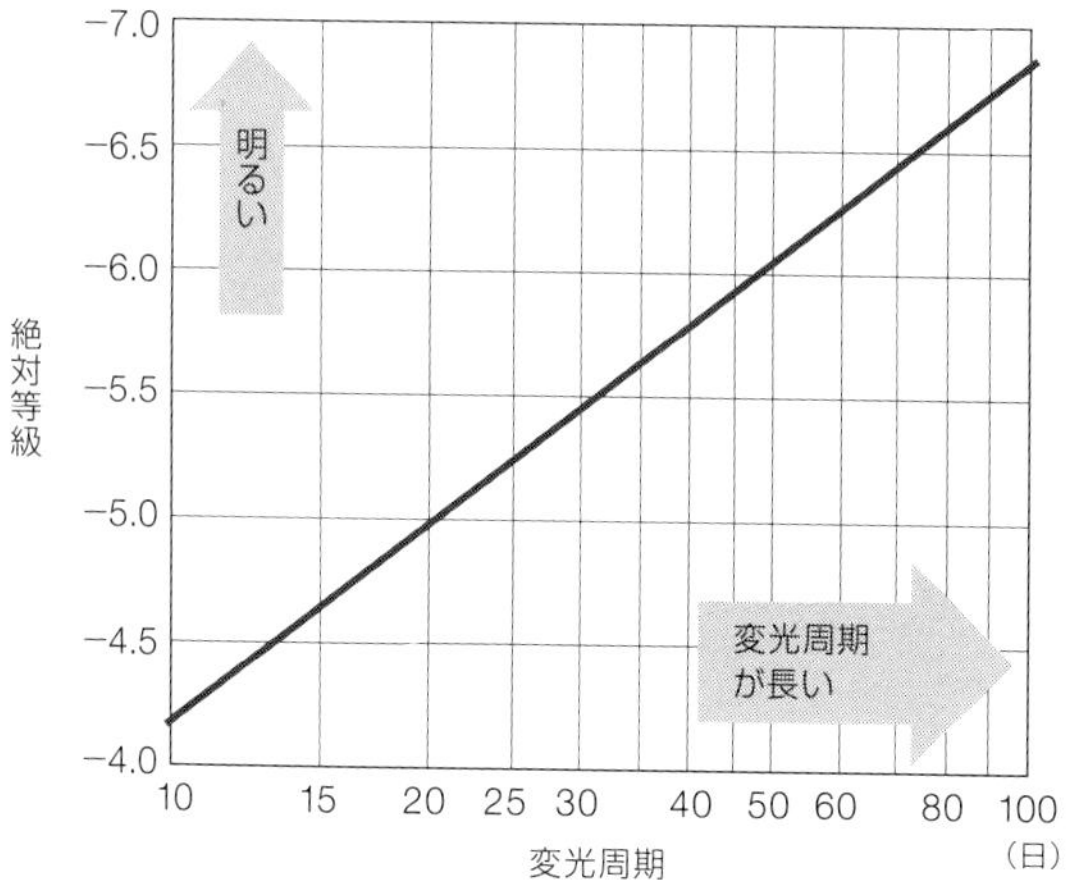

図1-24｜セファイド型変光星の周期-光度関係の概念図

銀河の世界

こうして、全宇宙だと思われていた天の川は銀河の一つに過ぎないことがわかった。かくして天の川は〝天の川銀河〟、あるいは〝銀河系〟と呼ばれるようになった。

アンドロメダ星雲が銀河であることを見抜いてからわずか2年後。1926年にはハッブルは〝Extra-galactic Nebulae〟というタイトルの論文をアメリカの天体物理学誌に発表した。Extra-galacticは天の川銀河の外にあるという意味である。日本語では系外銀河と呼ばれる。その論文では既に400個もの銀河に関して調べ上げていたから驚く。しかも、その時点ですでに銀河の分類体系を提案していた。

図1-25にハッブルの提案した分類体系を示した。この図にはハッブルの真面目さが表れている。なぜなら、天の川の中にある星雲についても、きちんと記述しているからだ。図中のGalactic nebulaeの項目がそれに当たる。惑星状星雲（Planetaries）と散光星雲（Diffuse）が記載されていることに気付くだろう。1920年の大論争では確かに渦巻星雲が話題になったわ

CLASSIFICATION OF NEBULAE

	Symbol	Example
I. Galactic nebulae:		
A. Planetaries	P	N.G.C. 7662
B. Diffuse	D	....
1. Predominantly luminous	DL	N.G.C. 6618
2. Predominantly obscure	DO	Barnard 92
3. Conspicuously mixed	DLO	N.G.C. 7023
II. Extra-galactic nebulae:		
A. Regular:		
1. Elliptical	E*n*	N.G.C. 3379 E0
(*n*=1, 2, ... , 7 indicates the ellipticity of the image without the decimal point)		221 E2
		4621 E5
		2117 E7
2. Spirals:	Symbol	Example
a) Normal spirals	S	....
(1) Early	Sa	N.G.C. 4594
(2) Intermediate	Sb	2841
(3) Late	Sc	5457
b) Barred spirals	SB	....
(1) Early	SBa	N.G.C. 2859
(2) Intermediate	SBb	3351
(3) Late	SBc	7479
B. Irregular	Irr	N.G.C. 4449

図1-25｜ハッブルが1926年に発表した論文における星雲の分類体系。I.は銀河系内の星雲の分類体系，II.は銀河の分類体系である。英語で恐縮だが，原著論文の雰囲気を楽しんでほしい

けだが、星雲にもいろいろある。研究者が正しく銀河を含む星雲の素性についてまとめておいたほうが良いと考えたのではないだろうか。至れり尽くせりという感じがする。

ハッブルの銀河分類

そして、1936年。ハッブルの銀河研究の集大成とも言える一冊の本が刊行された。その名も〝The Realm of Nebulae〟直訳すれば〝星雲の世界〟だ[*9][図1-26]。1926年の論文[図1-25]でExtra-galactic nebulaeの分類が示されているが、彼はそれを図としてまとめあげることにした。それが有名なハッブルの銀河分類である[図1-27]。

ハッブルは銀河をまず二つのカテゴリーに分けてみた。〝規則的(Regular)〟と〝不規則的(Irregular)〟である[図1-25]。この中で大勢を占めるのは普通の銀河だが、さらに2種類に分けた。〝楕円(Elliptical)〟と〝渦巻(Spirals)〟だ。そして、渦巻はさらに細分され、〝普通(Normal)〟と〝棒状(Barred)〟のタイプを設定した。文章で書くと複雑なようだが規則的な構造を持つ銀河を、図で分類すると図1-27のようになるという次第である。

私たち人間が一人一人、顔立ちや性格が異なるように、銀河も極めて個性的である。では

*9 国内では『銀河の世界』(戎崎俊一訳、岩波文庫、1999年)で読むことができる。

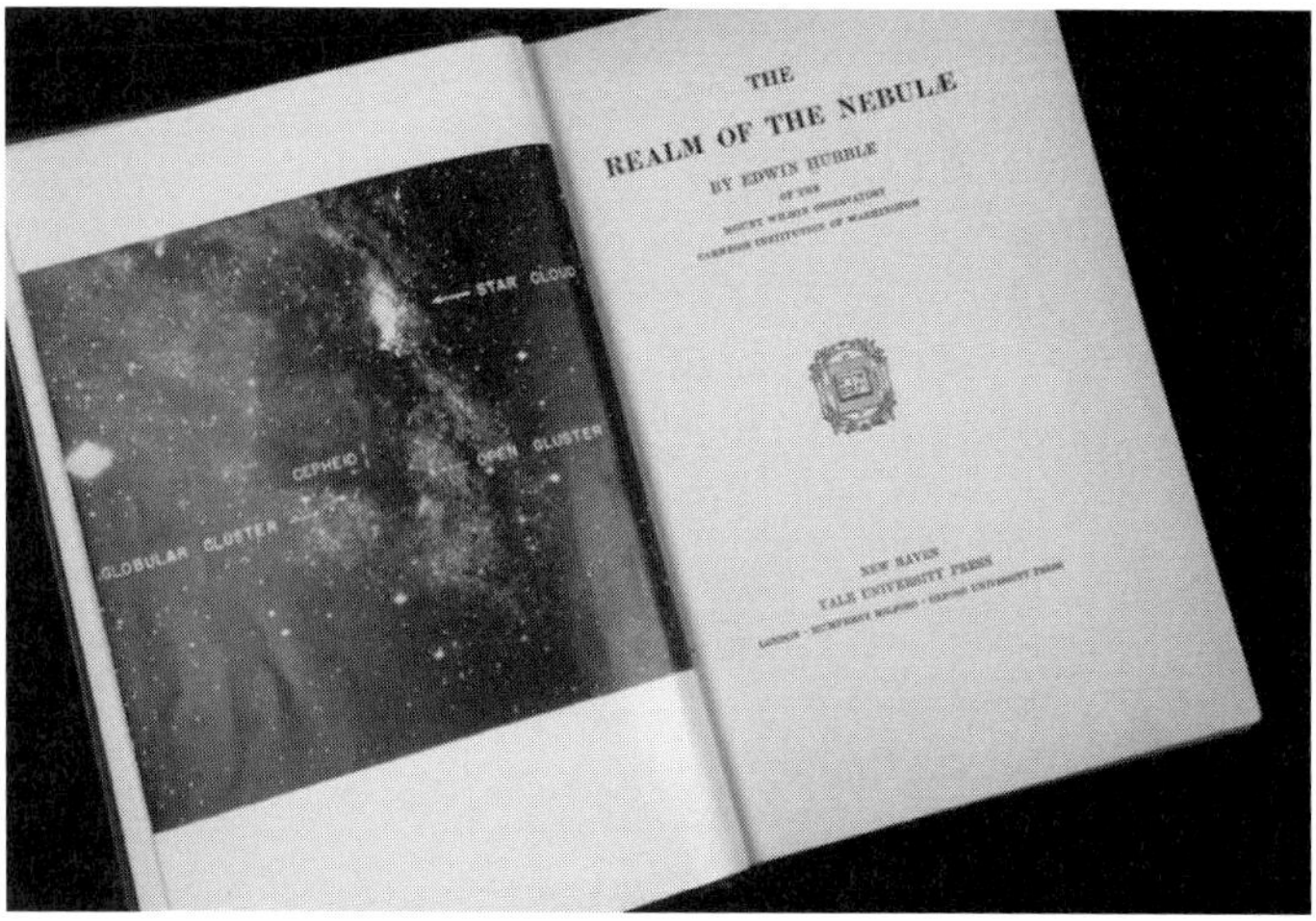

図1-26｜1936年刊行された"The Realm of Nebulae"(https://galileo.ou.edu/exhibits/realm-nebulae)

100個銀河があるとして、100種類のタイプに分けたらどうなるだろうか？ そのような作業は分類とは言えない。そもそも、分類という作業は、背後に潜む物理的な性質を見極めるためにするものだ。そう思うと、ハッブル分類のように銀河を大まかに分けてみることには意味がある。

ハッブルは多様な銀河を大きく2種類の形態に分類した。楕円銀河と円盤銀河（渦巻銀河）である。図1-27を見るとわかるように、楕円銀河は左側に位置し、みかけの扁平率で系列化されていて、見かけ上丸く見えるもの（左側）から扁平に見えるもの（右側）へと並べられている。その先は円盤銀河の世界だ。円盤銀河は美しい渦巻構造を持つが、渦の巻きつき具合が強いもの（左側のSa）から弱いもの（右側のSc）へと系列化されている。バルジ成分の相対的な大きさも、この系列の指標の一つになっている。Saではバルジが大きく、Scに行くにつれて小さくなるという具合だ。なぜそうなっているか分かればうれしいのだが、この段階では、とりあえず分類法ということでおさめておくことにしよう。

円盤銀河の系列はさらに二つの系列に細分されている。円盤部に棒状構造が見られないものと（上の系列）、見られるもの（下の系列）が区別されている。後者は棒渦巻銀河と呼ばれて区別されている。近くの銀河を調べると、楕円銀河、渦巻銀河、棒渦巻銀河の頻度はそれぞれ20％、40％、40％になっていることがわかっている［図1-28］。ちなみに、私たちの住んでいる銀河系

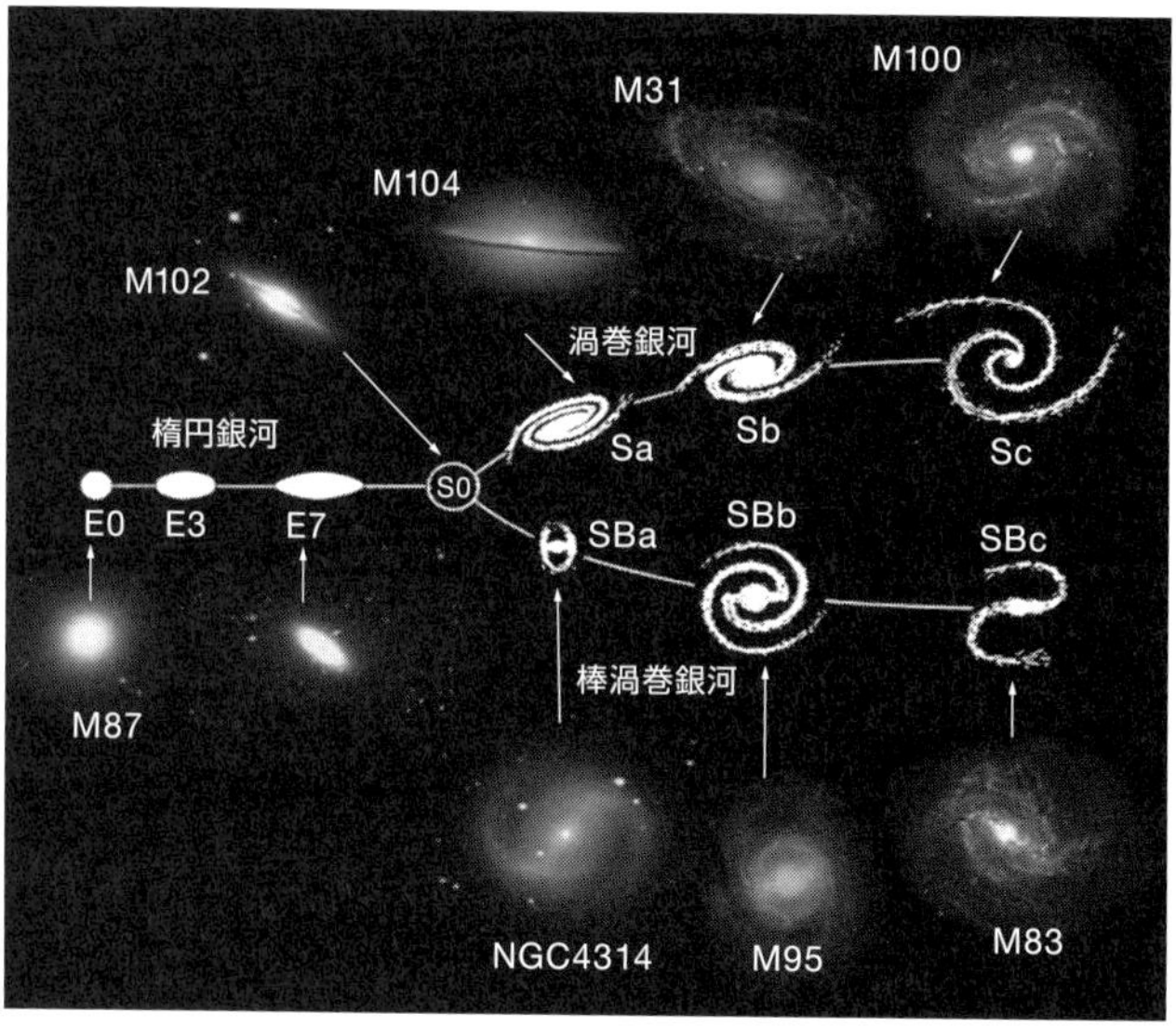

図1-27｜ハッブルが提案した銀河の分類体系(Edwin Hubble 1936, "Realm of Nubulae")

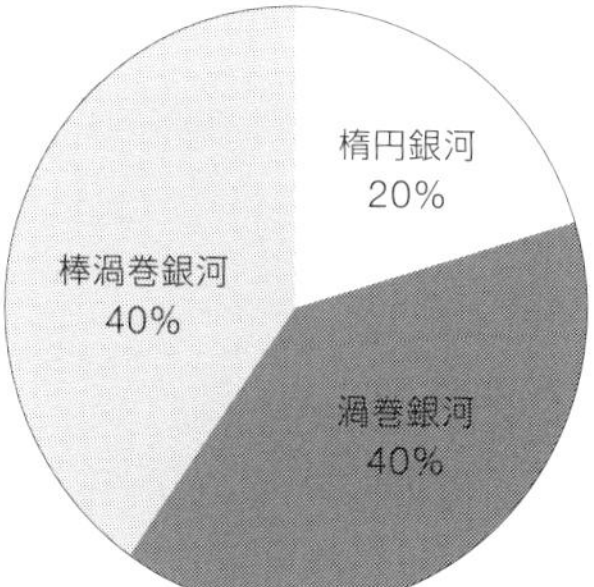

図1-28｜近くの銀河における銀河形態の頻度

（天の川銀河）は、棒渦巻銀河だと考えられていることは、すでに図1-18で示した。

さて、図1-25で示したように、楕円銀河、渦巻銀河、棒渦巻銀河の他にも不規則型銀河と分類されるものがある。不規則型という名前からわかるように、規則的な構造を持たない銀河である。ここで、規則的とは、渦巻構造、円盤、バルジなどの構造を指す。楕円銀河は銀河自体が規則的な構造を持つ。

不規則型銀河の代表例は、銀河系のそばにある大小マゼラン雲である。しかし、ここではIZw18という銀河を例に挙げておくことにしよう［図1-29］。この銀河は〝青いコンパクトな矮小銀河〟と呼ばれる銀河の代表選手だ。矮小という名前の通り、普通の銀河に比べて数百分の一程度の質量しかない軽い小さな銀河である。小さいながら、大質量星がたくさん生まれているので、青く見えている。

ただ、不規則型銀河の頻度は非常に低く、全体の1％以下である。そのため、図1-28でも無視している。

銀河にまつわる謎

さて、近くの宇宙を眺めると、楕円銀河、渦巻銀河、棒渦巻銀河の頻度はそれぞれ20％、40％、40％になっているが、いろいろ疑問が湧いてくる。

図1-29｜不規則型銀河の例であるI Zw 18。距離は5900万光年（**口絵10**.NASA/ESA/STScI）

まず、構造そのものに関する疑問も湧いてくる。たとえば、次のような問題である。

・なぜ楕円銀河には円盤構造ができなかったのか?
・楕円銀河と円盤銀河は、形成のメカニズムが違うのか?
・円盤銀河の棒状構造は、何か特別な構造なのか?

これらは、銀河という(力学的な)構造の起源に関する問題だ。

さらに疑問は沸き続ける。

・これらの割合はどうやって決まったのだろう?
・いつごろからこの割合になったのだろう?
・これらの割合は、今後変わっていくのだろうか?

これらの疑問は銀河の進化に関するものだ。

このように、ひとたび銀河の世界を垣間見ると、気になる問題がたくさんあることがわかってくる。特に、進化の問題は気になる。宇宙の年齢は138億歳であることが21世紀になって判明した。宇宙は悠久の存在ではなく、あるとき生まれたということだ。しかも、宇宙誕生直後は超高温の世界で、銀河のみならず原子ですらなかった。現在の宇宙では大きさが10万光年もある巨大な銀河に育っているが、それも138億年という有限な時の中での出来事なのだ。天の川銀河はいつどのように生まれ、そして今後どのような運命をたどっていくのだろうか。

その話に行く前に、宇宙を操るものについて見ていくことにしよう。

・『銀河Ⅱ―銀河系［第2版］』祖父江義明・有本信雄・家正則編（日本評論社，2017年）
この二つの教科書は日本評論社から刊行されている“シリーズ現代の天文学”の第4巻と第5巻にあたります。いずれも本格的な銀河関係の教科書なので，これらを読むと銀河天文学の全貌が見えてくると思います。また，以下にあげるものも優れた教科書です。
・『銀河進化論』塩谷康広・谷口義明（プレアデス出版，2009年）
・『銀河進化の謎』嶋作一大（UT Physics 第4巻，東京大学出版会，2008年）
・『銀河―その構造と進化』Steven Phillipps著，福井康雄監訳，竹内努訳（日本評論社，2013年）
・『多波長銀河物理学』Alessandro Bosselli著，竹内務訳（共立出版，2017年）

ちなみに，私がなぜ天文学者になったかについては以下の本があります。
・『谷口少年，天文学者になる』谷口義明（海鳴社，2015年）
天文学者の生活がどのようなものかもわかるので，参考になるかもしれません。

本書を読んで，天の川，銀河，そして宇宙にさらに関心がわいた方々には，是非とも次のステップに進んでいただきたいものです。

『銀河Ⅱ―銀河系［第2版］』

『谷口少年，天文学者になる』

コラム 天文学の学び方

本書をお手に取られた方は，天の川や銀河に関心がある方だと思います。また，広く天文学全般にも興味を持たれている方かもしれません。なかには天文学を本格的に学んでみたいと思っている方もおられるかもしれませんので，天文学の学び方について少しお話しておくことにします。

天文学を大学で学ぶ場合，天文学というよりは宇宙物理学という方が適切です。なぜなら，天文学を専攻できるのは多くは理学部の物理学科に属しているからです。

また，さまざまな研究分野があります。

・宇宙論
・銀河天文学
・恒星物理学（太陽物理学を含む）

これら標準的なものに加えて

・惑星科学

があります。こちらは，地球物理学科に属しているケースが多いです。また，学際領域としては

・宇宙生命学

もかなりの勢いで研究が進められるようになってきました。天文学を進める上で，基礎になるのは物理学と数学ですが，分野によっては化学，生物学，医学なども必要になってきます。その意味では，幅広く勉強する心構えが必要になります。

本書のテーマである天の川は銀河の一つなので，分野としては銀河天文学になります。しかし，銀河天文学と聞いて，どのような学問かを正確にイメージすることは難しいのではないでしょうか。そういうときに役に立つのが，教科書です。銀河に関する教科書をひもといてみれば，どのようなことを学ぶのかがわかります。日本語で書かれた代表的な教科書には以下のものがあります。

・『銀河I―銀河と宇宙の階層構造』谷口義明・祖父江義明・岡村定矩編（日本評論社，2007年（第2版が2018年7月に刊行予定））

冬の天の川（右）と黄道光[*10]（左）（©Kouji Ohnishi）

2 天の川を操るもの

天の川を見る

天体からやってくる光

今一度、天の川を眺めてみることにしよう。私たちが〝見る〟というとき、普通は肉眼で見ることを意味する。人間の眼は、可視光に感度を持つ。というよりは、人間の眼が感じる波長帯の電磁波を〝見ることができる（可視）〟光ということで、可視光と呼ぶのが正しい理解である。その可視光は波長でいうと0・4ミクロンから0・7ミクロンである（ミクロンあるいはマイクロメートルは1mの百万分の一）。

さまざまな波長の電磁波を図2-1にまとめた。図の縦軸は天体からやってくる電磁波の大気透過率である。透過率が0％の場合、その波長帯の電磁波は地球の大気に100％吸収されて（あるいは反射されて）、地表で観測することはできない。たとえば、波長が数十メートルより長い電波は地球大気の電離層と呼ばれる場所で反射されてしまう。一方、紫外線、X線、ガンマ線は地球大気に吸収されて地表には届かない。そのため、私たちは安全に暮らすことがで

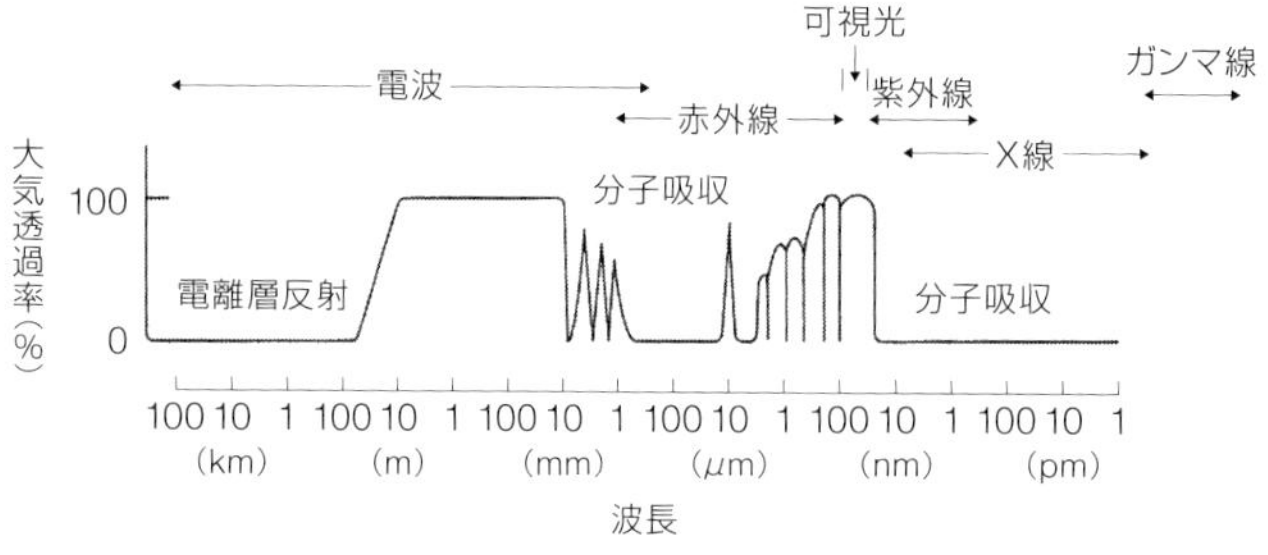

図2-1｜電磁波の波長と名称。大気透過率も併せて示した（μm＝ミクロンあるいはマイクロメートル＝10^{-6}m）

きる。また、波長が数ミクロンから数百ミクロンの赤外線[*11]（中間赤外線から遠赤外線）は地球大気の分子に吸収されてやはり届かない。このように地球大気の影響を受ける波長帯の天体を観測したければ、ロケットを打ち上げ、地球の大気圏外で観測することが余儀なくされる。むしろ、本来はすべての波長帯の観測は地球大気の外に出て行う方が良い。可視光もそれなりに大気の影響を受けているからだ。そもそも曇ったり、雨が降ったりすれば天体を見ることはできない。ハッブル宇宙望遠鏡が大活躍しているのは当然だ[図3-15]。

＊10 黄道光：太陽系の惑星が公転運動する円盤部に散らばっているチリ粒子が太陽光を反射して輝いているもの。

＊11 赤外線の種類：近赤外線（波長＝1-5ミクロン）、中間赤外線（波長＝5-30ミクロン）、遠赤外線（波長＝30-300ミクロン）。

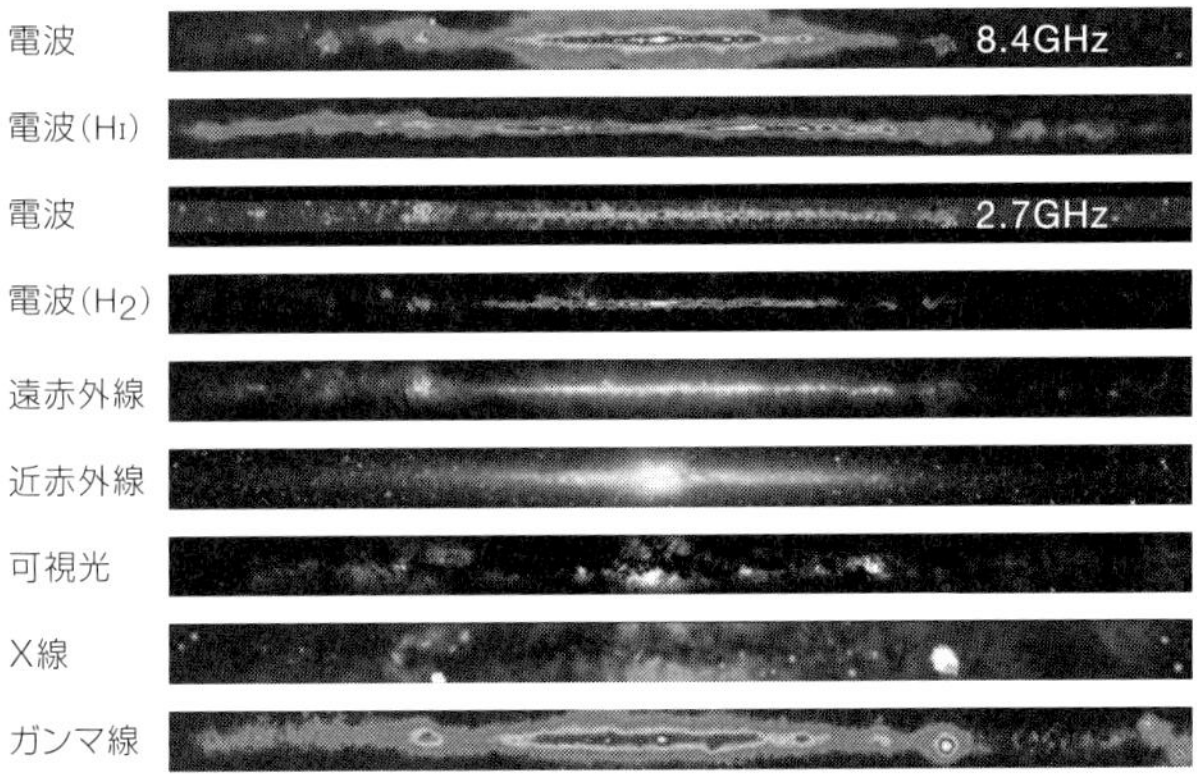

図2-2｜さまざまな波長で眺めた銀河系の姿(口絵11, NRAO提供の図を改変)

幸い、可視光帯は地球大気の影響が少ないので、私たちは天体を観測できる。では、人の眼はなぜ、可視光帯に感度があるのだろうか？　おそらく、これは偶然ではない。原因は太陽にある。太陽の表面温度は約6000度なので、この温度に見合った熱放射が出ている。じつはこの熱放射の強度のピークが可視光帯にくる。そのため、人類は太陽の恵みを得るには可視光を頼りにすれば良いと感じ、眼も可視光を感じるようになったのだろう。もし、電波を選んでいたとすれば、私たちの見る世界は大きく変わっていたことになる。

さて、それではすべての波長帯で天の川を眺めてみよう[図2-2]。上から次のように画像が並んでいる。

①電波（8・4GHz＝波長3・6センチメートル）
②電波（波長21センチメートルの中性水素原子ガス輝線）
③電波（2・7GHz＝波長11・1センチメートル）
④遠赤外線（波長60ミクロン）
⑤近赤外線（波長2ミクロン）
⑥可視光（0・5ミクロン＝500ナノメートル）
⑦X線（2キロ電子ボルト）
⑧ガンマ線

まず言えることは、どの波長帯で眺めても、天の川は見えるということだ。つまり、天の川を理解するには、すべての波長帯で観測することが大切になる。

それぞれの波長帯について簡単に説明しよう。まずすべての波長帯に言えることだが、電磁波には

・連続光
・スペクトル線（輝線）

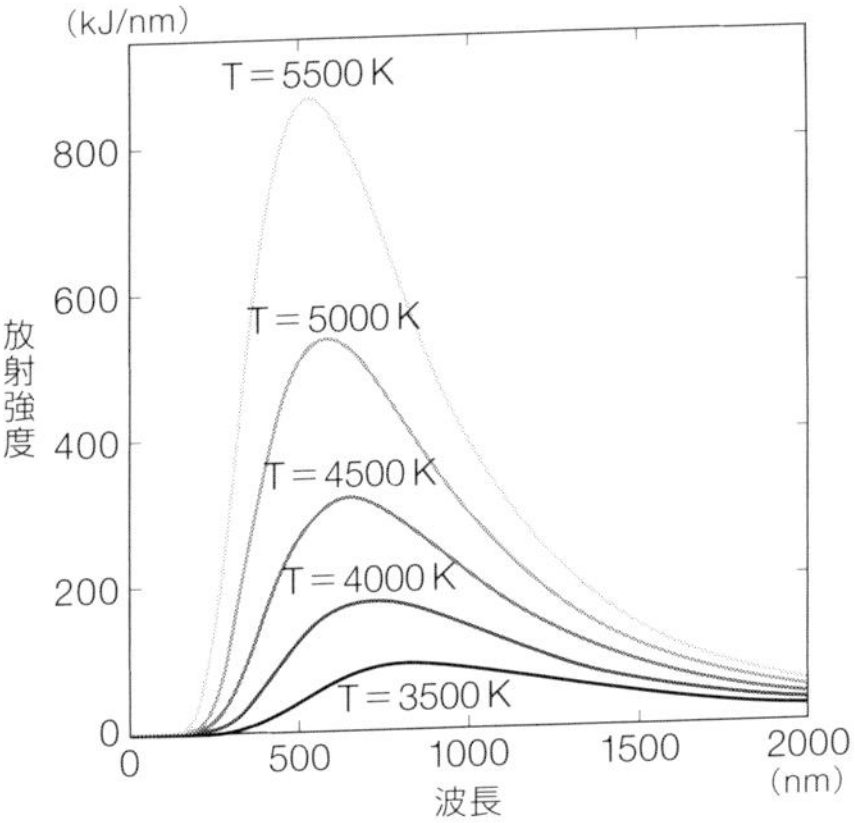

図2-3｜熱放射のスペクトルエネルギー分布（注：放射強度の波長依存性を表すためにスペクトルという言葉が使われている）。縦軸は　放射の強さ，横軸は波長（nm＝ナノメートル＝10^{-9}m），Tは絶対温度

・スペクトル線（吸収線）

の3種類がある。

連続光

連続光はさらに2種類あり

・熱（的）放射
・非熱（的）放射

に分けられる。

熱（的）放射は物体が熱平衡状態にあるときに放射される。熱平衡とは熱の出入りがつりあっていて、温度が変わらないことを意味する。たとえば、太陽の表面は約6000℃なので、その温度に見合った熱放射を出してい

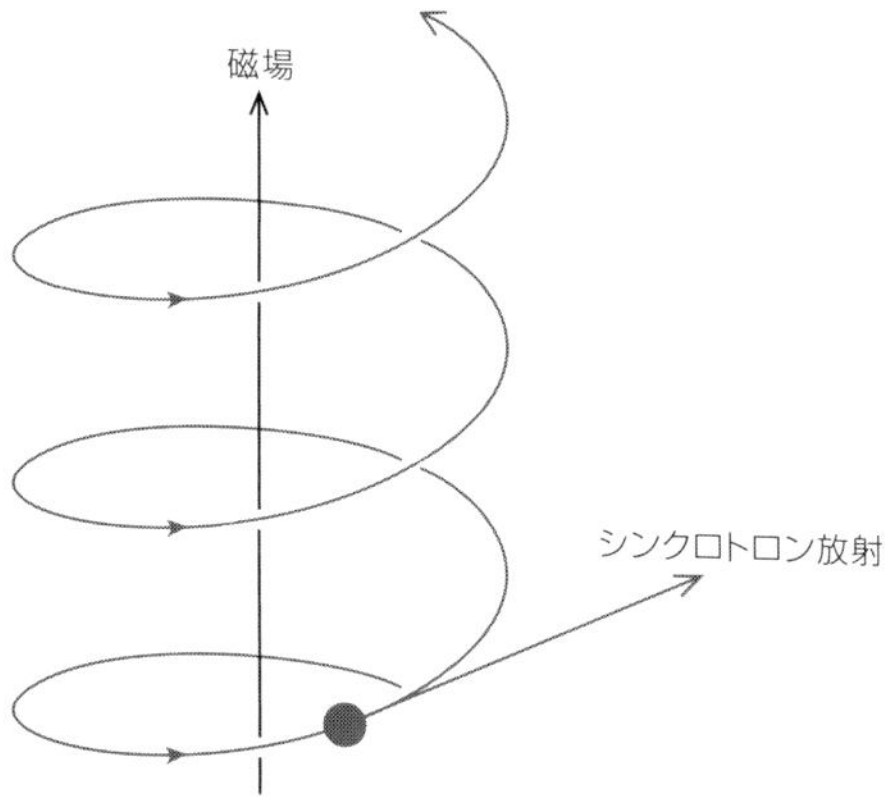

図2-4｜シンクロトロン放射の概念図。この図から明らかなようにシンクロトロン放射は強い指向性を持っている。一方，熱放射は偏りなく，四方八方に均等に放射される

る。放射のピークは可視光にくる。温度が低くなれば放射のピークは波長の長い電磁波（赤外線や電波など）にシフトし、逆に温度が高くなれば波長の短い電磁波（紫外線やX線など）が放射される［図2-3］。

一方、非熱（的）放射は熱平衡にない物体から放射される。ただ、この場合、物体は電子などの粒子系であると思ってよい。宇宙では想像もできないくらい高温あるいは高エネルギーの状態にある粒子があり、それらは光速度に近い速度で運動している。ガスは電離しているので、磁場があると磁力線の周りを回りながら運動する。光速に近い速度で運動している電子はシンクロトロン放射と呼ばれる電磁波を放射する［図2-4］。

スペクトル線

天体のスペクトルを撮影してみる。たとえば、プリズムを通して撮影すると天体からの光を波長ごとの情報として見ることができる。それがスペクトルだ。

図2-5を見てみよう。これはNGC 4750という名前の渦巻銀河だが(上)、そのスペクトルを示した(下)。カバーしている波長帯は可視光で、3500から7000オングストローム(あるいは350から700ナノメートル)の範囲である。銀河には多数の星々があるので、それらの放射する熱放射が連続光として見えている。その他に強度の強い輝線(図では上方にとがって見えている)と吸収線(逆につららのように下がって見えている)がいくつかあることに気がつくだろう。輝線は紫外線で電離されたガスから放射されているが、吸収線は星々の大気や星々の間にあるガス(星間ガスと呼ばれる)によって生じている。写真で銀河の姿を見て楽しむのもの良いが、スペクトルを調べると、どんな星でどのようなガスがあるかがわかるので、一歩踏み込んで銀河を理解することができる。

ここで、輝線と吸収線がどのようにして現れるか見ておくことにしよう。これらはいずれも原子やイオン(電離した原子)、そして電子が絡んだ現象である。

原子の世界は、極微の世界である。実際、原子の典型的なサイズは1オングストローム

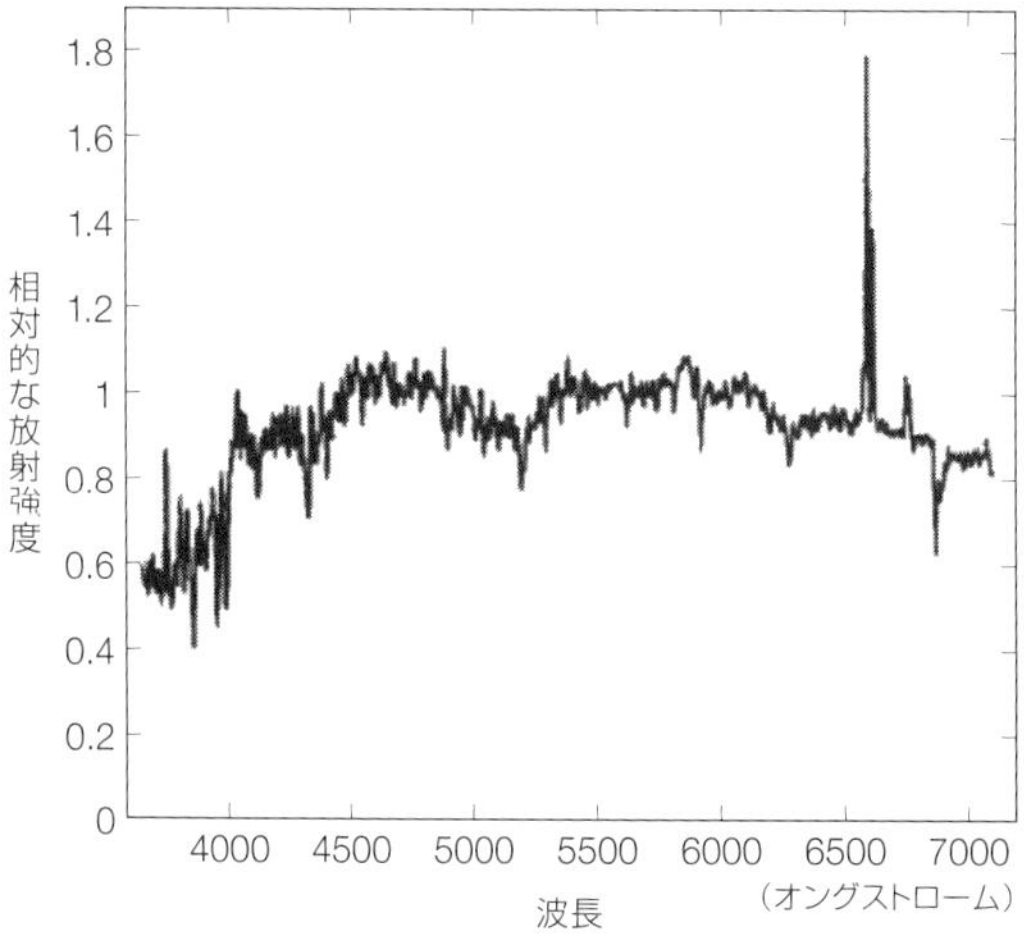

図2-5｜渦巻銀河NGC 4750と[上]，その可視光帯のスペクトル[下]
[上](https://commons.wikimedia.org/wiki/File:NGC_4750_HST_9788_R814_B658.png)

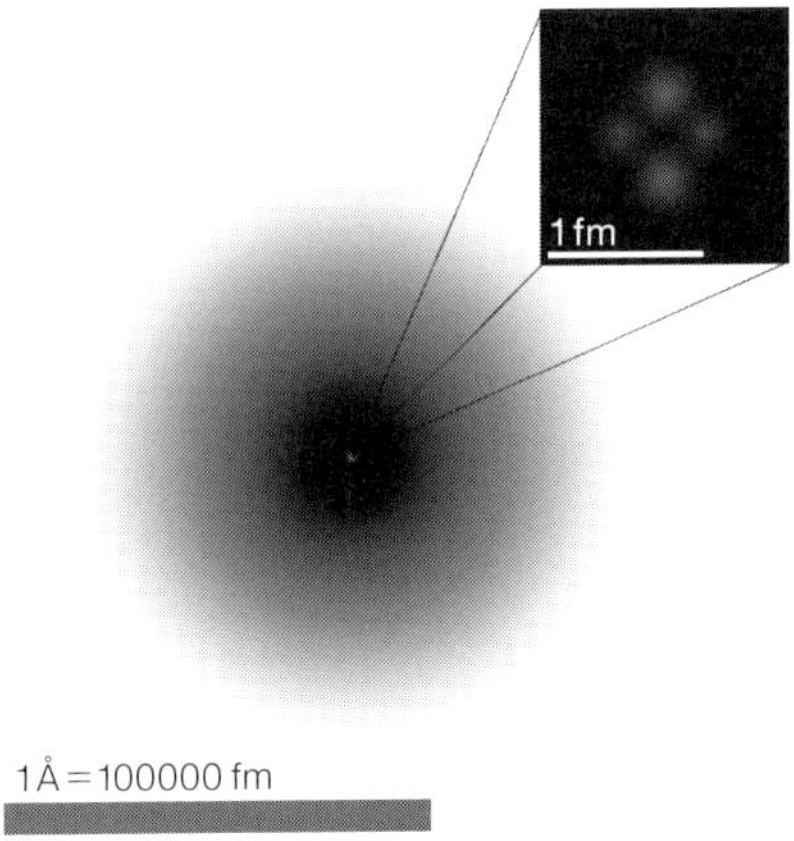

図2-6｜ヘリウム原子の構造と大きさ。右上に拡大したように，2個の陽子（上と下）と中性子（左と右）は中心に位置し，電子はその周りを取り囲む雲のようになっている

（1mの一億分の一）程度でしかない。このような極微の世界では私たちの日常とはかなりかけ離れたことが起こる。水素原子は1個の陽子と1個の電子からなる最も簡単な原子だが、2番目に重いヘリウム以降の原子は一般的に、原子は陽子、中性子、電子でできている［図2-6］。

原子スケールでの物理の法則は、私たちの習ったニュートンの力学法則などとはまったく異なっている。そもそも、すべての物理量が揺らいでいて、確率でしか物事を語れない世界なのだ。そのため、図2-6では電子は点ではなく雲のように描かれている。本来ならヘリウム原子は2個の電子を持っているので、2個の点で表したくなるところだが、雲のように描くほうが正解に近いのである。

原子は電子の配置によってエネルギーが異なる。そして、取りうるエネルギーの値は連続的に変化せず、飛び飛びの値にしかなりえない。それぞれの値に応じて、エネルギー準位と呼ばれるものが存在している。そして、電子はさまざまな準位の間を飛び交うことで原子のエネルギーは変化するのだが、エネルギーは保存される。そのため、原子が光と相互作用してエネルギーをもらうと、原子はエネルギーの高い準位に移るが、光はその分、エネルギーを失う。つまり、その光は消えたように見える。これが吸収線として観測される理由だ[図2-7]。

一方、エネルギーの高い準位にいた電子がエネルギーの低い準位に移動すると、原子はエネルギーを失うが、その分のエネルギー差を光として放射する。それが輝線だ[図2-8]。こうして、全体のエネルギーが保存されている。

最後に、ダストの熱放射について説明しておこう。ダスト、チリ粒子は天の川銀河の中にはたくさんある。天の川銀河の中にある星の総質量は太陽2000億個分だが、水素などのガスの総質量は太陽100億個分にもなる。ダストはガス雲の中に紛れ込んでいるが、その総質量は太陽1億個分なので、結構な量である。ダストが含まれるガス雲の大半は星の光があまり届かない星と星の間のガス、星間ガスの中にある。その場合、温度は5Kから10K程度である。Kはケルビンと呼ばれる温度の単位で、絶対温度のことである。0Kはマイナス273℃。宇宙にあるすべての物質はこの温度より低くなることはない。星間ガスの中にある冷たいダストは熱の出入りがつりあう熱平衡状態になっているので、温度に見合った熱放射を出す。その波長のピークは波長が0・3mmから0・9mmまでのサブミリ波帯[図2-1]にくる。[*12]要するに電波として観測される。

一方、密度の高い星間ガスでは星が誕生する。星が生まれると、星の放射はダストを温める。温めるといっても、ダストの温度は30Kから50K程度にしかならない（つまり、約マイナス240℃からマイナス220℃）。しかし、この場合、熱放射のピークは波長が数十ミクロンから100ミクロン帯に来る。電波ではなく遠赤外線として観測されることになる[図2-9]。

電磁波で天の川を見る

さて、少し光の放射や吸収について解説してきたが、これで準備ができた。それでは、あらためてさまざまな波長帯で天の川を見てみることにしよう。再び、図2-2（90ページ）に戻ろう。まず、電波で見た天の川である。図の一番上は、周波数の高い8・4GHz（ギガヘルツ：ヘル

---

*12　脚注10の赤外線の項で、遠赤外線の波長帯は30-300ミクロンであると述べた。これはミリ（「メートル」の単位）でいうと0・03ミリから0・3ミリになる。サブミリ波帯はこれを受けて、波長0・3ミリから0・9ミリの電磁波の総称である。本来〝サブ〟は1／10を意味するのでサブミリは0・1ミリから該当するが、遠赤外線の定義があるため、変則的になっている。

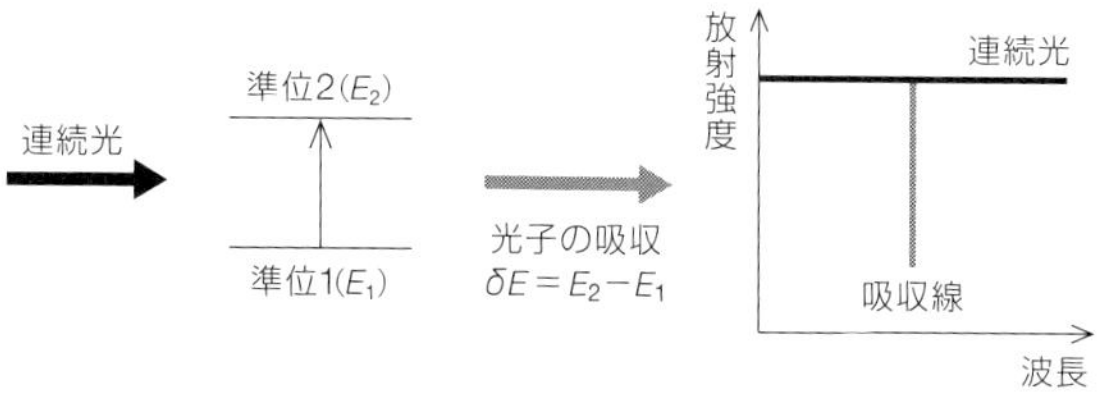

図2-7｜吸収線ができる原理

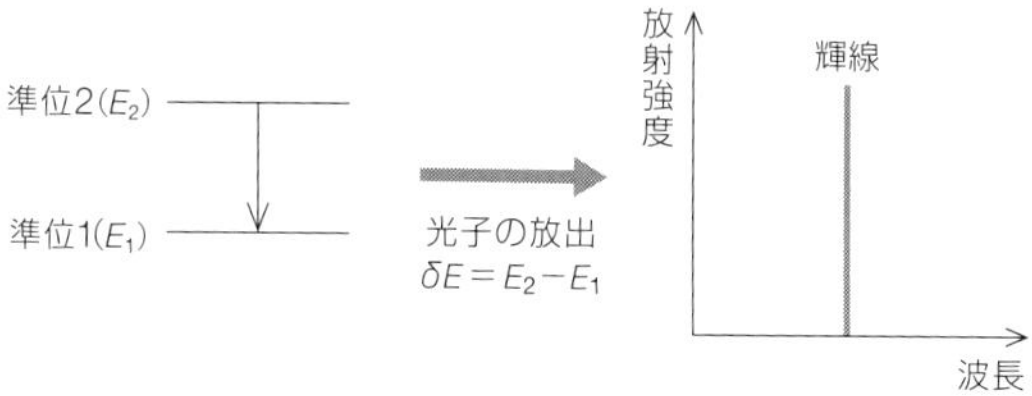

図2-8｜輝線ができる原理。ここではスペクトルとして輝線だけを示しているが［右図］，一般的には連続光の上に輝線が出ているように観測される。なぜなら，輝線を放射するにはエネルギーの高い準位2に原子（あるいはイオン）を励起しなければならないからである。励起するにはエネルギーが必要だ。光（電磁波）のエネルギーを吸収して励起されるか，電子などと衝突して運動エネルギーをもらって励起されるかのいずれかになる。前者を光励起，後者を衝突励起と呼ぶ。なお，吸収線［図2-7］と輝線［本図］を線のように描いたが，実際には原子（あるいはイオン）はある速度範囲で運動しているので，それに伴って線には幅が生じる

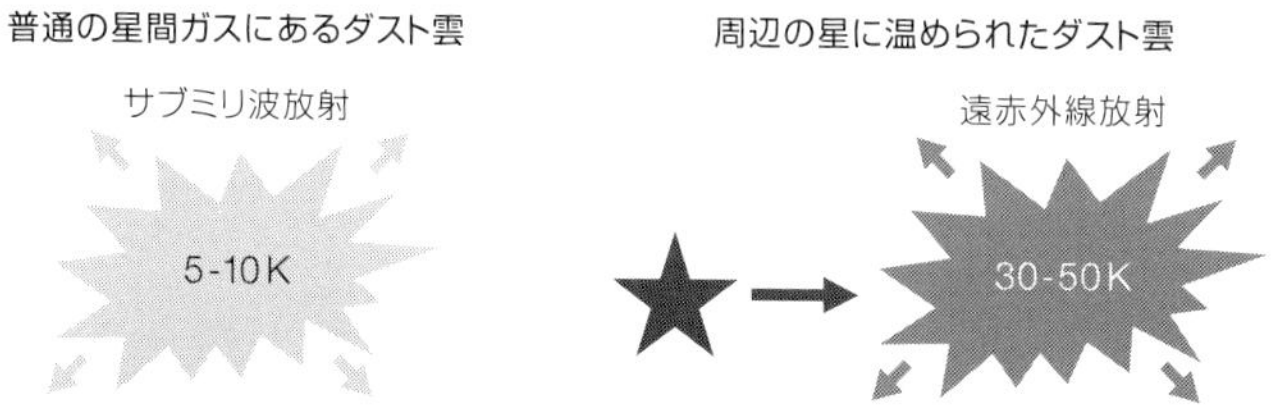

図2-9｜ダストの熱放射。右図ではわかりやすいように星とダスト雲を分けて描いたが，実際には星は密度の高い，ダストを含む星間ガス雲の中で生まれることに注意

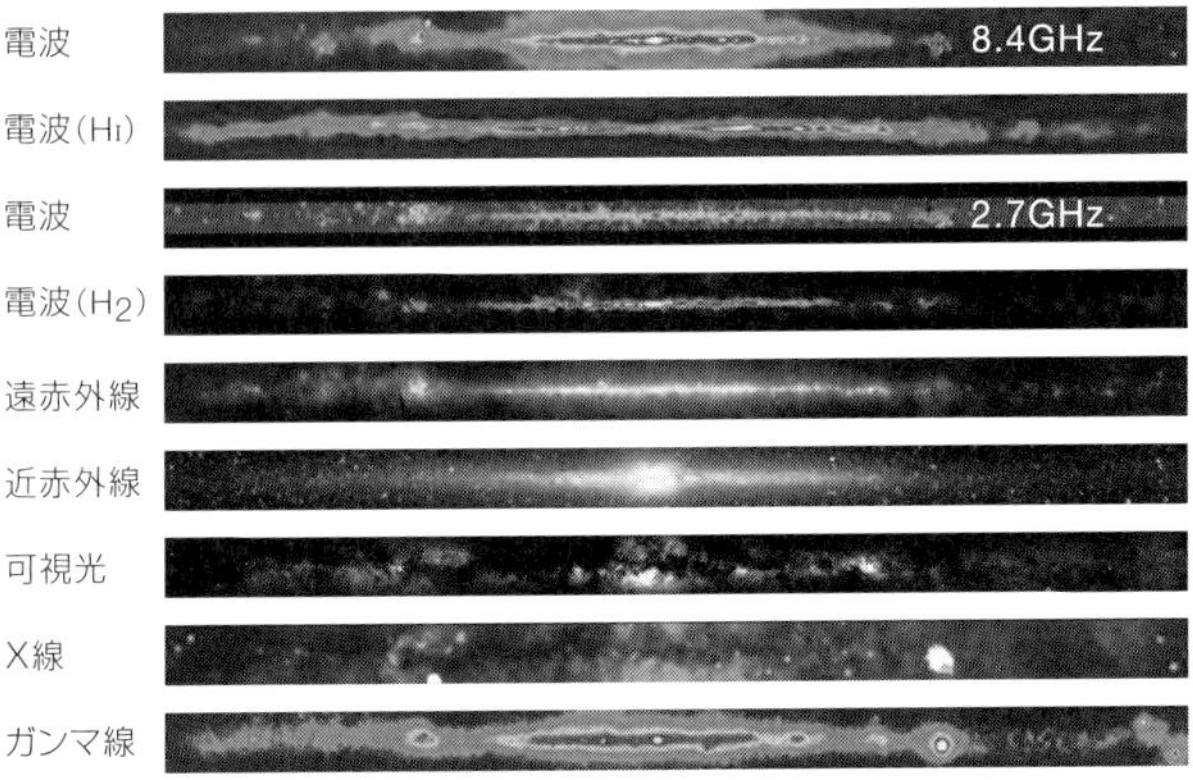

図2-2（再掲）｜さまざまな波長で眺めた銀河系の姿（NRAO提供の図を改変）

ツは1秒間あたりの振動数で、ギガは10億を意味する）の電波で見た天の川の姿である。この電波の大半は、光速に近いスピードで運動する電子が磁力線の周りをらせん運動するときに放射するシンクロトロン放射がその起源である。一方、上から3番目は、周波数の低い2.7GHzで見た姿だ。こちらは、熱放射の成分を見ている。

また、上から2番目のHIは中性水素原子のことである。HI[*13]は波長21センチメートルの輝線（スペクトル線）を放射する。天の川の中にあるガスの90%は水素なので、銀河の円盤がきれいに見えている。一方、H_2の方は水素分子である（上から4番目）。水素分子はあまり電磁波を放射しないので、代わりに強い輝線放射を出すCO（一酸化炭素分子）を使って、分子ガス雲の分布を調べているのが実情である。このときよく使われるCO輝線は波長2・6ミリメートル（ミリ波電波）、周波数115GHzで放射されている。

上から5番目の遠赤外線は波長帯でいうと30ミクロンから100ミクロンの電磁波である。天の川の中を漂うガス（星間ガスと呼ばれる）の中にはダスト（チリ粒子）もたくさんある（ガスに対する質量比は1／100程度）。天の川に含まれるガスの質量は太陽の100億倍にもなる。この1／100の質量を担うのがダストである。つまり、天の川には太陽の1億倍の質量のダストがあることになるので、無視できない。さらに、これらのダストは星の放射する電磁波を吸収して温まる。とはいえ、温度は30K程度だ。これらのダストは熱放射を出すが、その強度のピークがちょうど遠赤外線に来る。そのため、遠赤外線で銀河を見ると、ダストの空間分布が見えてくる［図2-9参照］。

上から6番目の近赤外線は波長帯でいうと1ミクロンから5ミクロンの電磁波である。この波長帯の電磁波を放射するのは、太陽より軽い、表面温度の低い星たちだ。太陽の表面温度は約6000Kなので放射のピークは0・5ミクロン、つまり可視光帯に来る。ところが太陽の1

＊13　中性原子状態をⅠ、1階電離状態をⅡ、2階電離状態をⅢなどのように表す。水素原子が電離して陽子と電子の集団になっている領域はH_{II}領域と呼ばれる。

／10程度の質量しかない星の表面温度は３０００Ｋから４０００Ｋぐらいしかなく、放射される電磁波のピークは近赤外線帯に来る。すでに述べたように、近赤外線は可視光に比べてダストによる吸収や散乱の影響を受けにくいので、天の川の中の星の分布が可視光（下から３番目）に比べてよく見える。

下から２番目のＸ線は１００万Ｋから１０００万Ｋもの高温のプラズマから主として放射される。高温になるには、なんらかのエネルギーのインプットが必要である。たとえば、星が死ぬときの爆発現象である超新星爆発などがそのエネルギー源になっていると考えられている。

一番下のガンマ線は星内部の熱核融合の際にたくさん放射される。またＸ線同様、超新星爆発などの高エネルギー現象の際にも放射される。ガンマ線は、もともとは核子（原子核）から放射されるエネルギーの高い放射線とされていた。しかし、今では波長帯ごとにＸ線やガンマ線を分類している。

ちなみにガンマ線の波長は10pm（1ピコメートル＝10^{-12}m）である。ガンマ線が核子から放射されることが多いのは事実である。そのため、ガンマ線の強度は物質がいっぱいある方向で強い。ガンマ線は透過力が強いので隠された核子も見つけることができる。物質の総量を見極めるのに役立つということだ。

天の川の周辺

天の川を取り囲むもの

さて、図2-2で、天の川をあらゆる電磁波で見てみた。これで、私たちは天の川をすべて見たことになるのだろうか？ じつは、そうではない。天の川を取り囲むもの、ハローがあるからだ。

ハローは英語のhaloのことである。春霞の夜、月を眺めると、月の周りにぼうっと淡く輝くものが見えることがある。光芒。これがハローの意味することだ。

銀河の場合に当てはめてみると、星の集団としての銀河本体の周りを取り囲むように拡がっている構造をハローと呼んでいる。天の川銀河の円盤の直径は10万光年だが、それは円盤として認識される大きさである。明瞭な境界線はないものの、天の川はその数倍の大きさまで拡がっている。このハローで最も目立つ天体は球状星団である。約150個もの球状星団が直径30万光年のエリアに分布している［図2-10］。

なぜ球状星団はハローの中で目立つのだろうか？ それは、百万個もの星の集団だからだ。しかし、ハローにあるものは球状星団だけではない。希薄なガスも漂っている。その多くは、電離した高温のガスである。銀河の円盤では星がどんどん生まれては死んでいく。そのときに起こる超新星爆発はかなりドラマティックな現象だが、その爆風波は電離ガスをハローに吹き出す。ハローはまさにそのようなガスの吹き溜まりになっているのだ。

球状星団、電離ガス、これらに加えて、はぐれ星もある。もともとは天の川銀河の円盤にあった星が、他の星と遭遇して重力的に弾き飛ばされることもあるからだ。ただ、そのような星の数は多くない。

暗黒の世界

さて、私たちはすべての波長帯で天の川銀河を眺めてきた。そして、銀河を取り囲むハローについても調べた。ここまでくれば、天の川の全貌を見たといっても良いように思う。しかし、答えはノーである。私たちはまだ天の川銀河のすべてを見ていない。では、どこで見落としたのだろう。

見落としたという表現は正しくない。なにしろ、それは見えないからだ。それを暗黒物質（ダークマター）という。

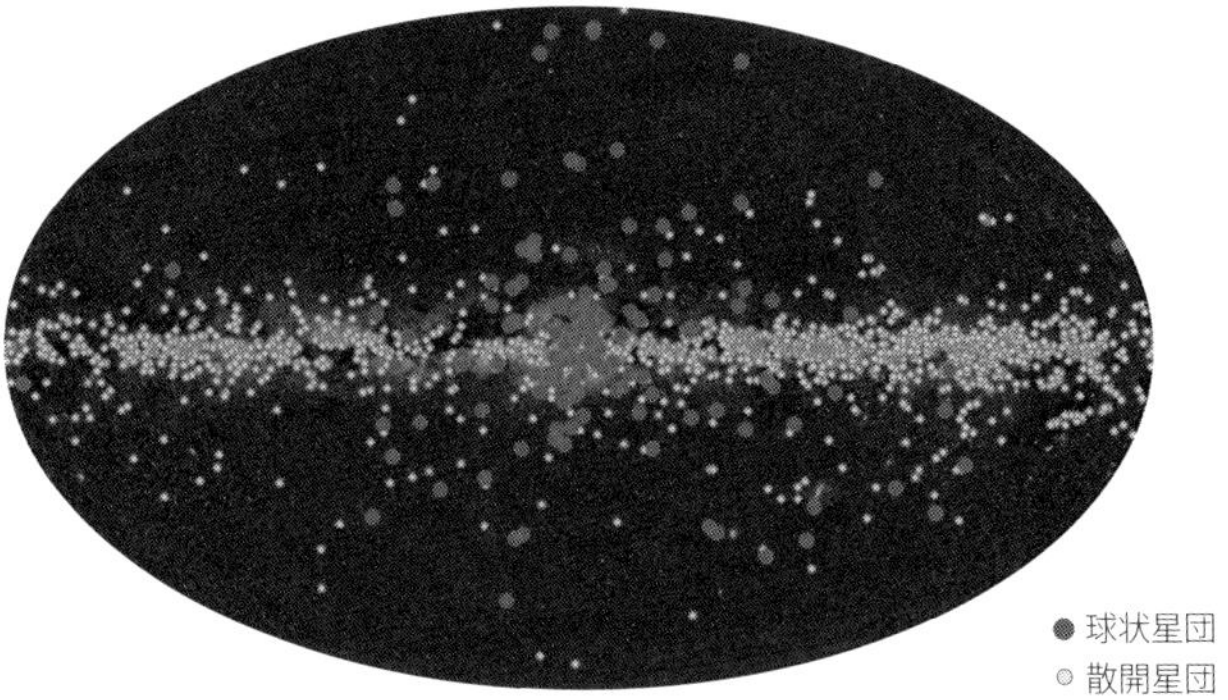

図2-10｜球状星団（灰色の丸）の空間分布。散開星団（白丸）が円盤部に分布しているのに対して，球状星団の多くは銀河の周りに分布していることがわかる（http://astroexercise.wiki.fc2.com/upload_dir/a/astroexercise/13626405ef5213dc97e52ad3fba93ddf.jpeg）

周期＼族	1	2	3	4	5	6	7	8	9	10	11	12	13	14	15	16	17	18
1	1 H																	2 He
2	3 Li	4 Be											5 B	6 C	7 N	8 O	9 F	10 Ne
3	11 Na	12 Mg											13 Al	14 Si	15 P	16 S	17 Cl	18 Ar
4	19 K	20 Ca	21 Sc	22 Ti	23 V	24 Cr	25 Mn	26 Fe	27 Co	28 Ni	29 Cu	30 Zn	31 Ga	32 Ge	33 As	34 Se	35 Br	36 Kr
5	37 Rb	38 Sr	39 Y	40 Zr	41 Nb	42 Mo	43 Tc	44 Ru	45 Rh	46 Pd	47 Ag	48 Cd	49 In	50 Sn	51 Sb	52 Te	53 I	54 Xe
6	55 Cs	56 Ba	ランタノイド	72 Hf	73 Ta	74 W	75 Re	76 Os	77 Ir	78 Pt	79 Au	80 Hg	81 Tl	82 Pb	83 Bi	84 Po	85 At	86 Rn
7	87 Fr	88 Ra	アクチノイド	104 Rf	105 Db	106 Sg	107 Bh	108 Hs	109 Mt	110 Ds	111 Rg	112 Cn	113 Nh	114 Fl	115	116 Lv	117	118

図2-11｜元素の一覧表。新しく登録されたニホニウムは元素番号113番

私たちの身体や、眼に見える物質は原子がもとになっている。実際、さまざまな元素があることを私たちは学校で習った。水素、ヘリウム、炭素、窒素、酸素、マンガン、鉄など、多様な元素がこの世界を形作っている[95ページの図2-11]。最近では、ニホニウムという新しい元素が認められて、大きな話題となった。

天の川を操るもの

では、宇宙は原子でできているのだろうか？　そう思いたい。なにしろ、原子以外のものを、私たちは知らない。この宇宙が知らないものでできているとは思いたくもない。また、そうである理由もない。しかし、宇宙は私たちの期待を裏切る。そして、その裏切り方は半端ではない。宇宙は未知の暗黒に操られているのだ。

暗黒は2種類ある。ひとつは〝暗黒物質（ダークマター）〟。もうひとつは〝暗黒エネルギー（ダークエネルギー）〟だ。宇宙全体の質量を100％とすると、私たちの知っている原子物質は5％。暗黒物質と暗黒エネルギーはそれぞれ27％と68％。これが宇宙の成分表だ［図2-12］。

これだけ科学が進んだ現在、私たちは宇宙の95％について知らないのだ。私たちの身体や、地球、そして太陽などの星。これらは私たちの知っている原子物質でできている。100種類以上の元素だが［図2-11］、私たちは原子の世界を理解し、そして原子が宇宙を造っていると思い込んでいた。ところが、私たちは宇宙についてまったく理解していなかったのだ。宇宙は調べれば調べるほど謎が出てくる存在なのだろうか。

宇宙の成分表がわかったのは今世紀になってからだが、暗黒物質については1930年代からその存在が指摘されてきた。ことの発端は銀河団の観測だった。観測したのはスイス生まれの米国の天文学者フリッツ・ツヴィッキー(1898-1974)である[図2-13]。彼は天才的な天文学者で、超新星の研究から銀河まで、幅広い分野で大きな業績を残した。しかし、性格はかなり尖っていたようで、変わり者というレッテルを貼られていた。その彼が、銀河団の研究に挑んだのである。

銀河団は、その名の通り、銀河が集っている場所で、銀河の個数は1000個にも達する。図2-14に例として、かみのけ座銀河団の可視光写真を示した。銀河団に属している銀河は、銀河団に含まれる物質の重力でまとまっているはずだ。

当時、銀河団の質量を測る方法は二つあった。一つは、銀河に含まれる恒星の質量を足し合わせたもので、その名も恒星質量と呼ばれるものである。もう一つは、銀河団内にある銀河の運動速度を調べ、銀河団の力学的な質量を測定する方法である。銀河団が力学的な平衡状態にあるとすれば

銀河の運動エネルギーの総和＝銀河団の全質量による位置エネルギー

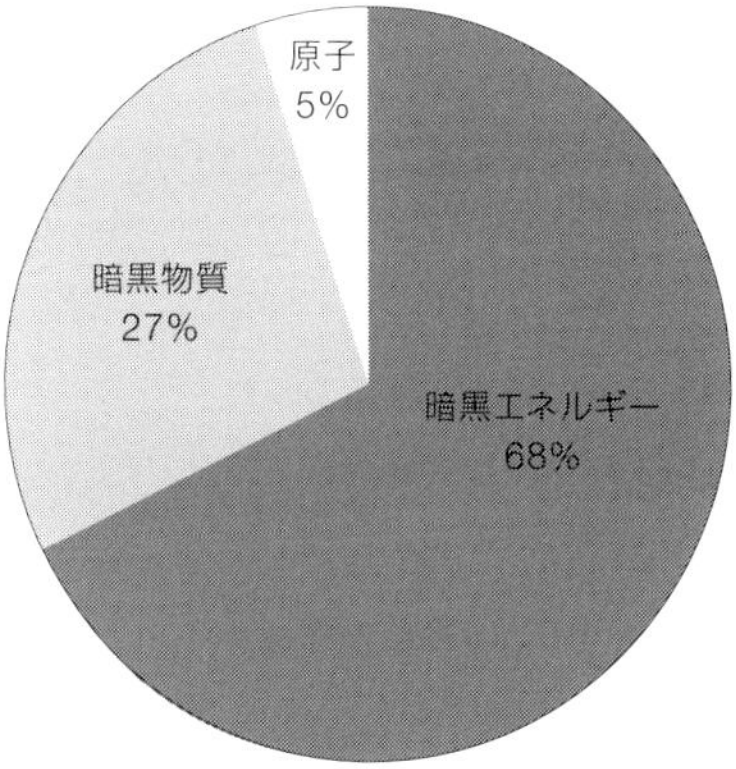

図2-12｜宇宙の成分表(Planck)

図2-13｜フリッツ・ツビッキー(Wikimedia)

の関係がある。上の量は銀河の運動速度を測定すればわかる。また、下の量は銀河の光度を測定すれば、銀河に対する適切な質量と光度の比を用いて、得ることができる。

ツビッキーは銀河団が力学的な平衡状態にあるだろうと考えていた。実際、かみのけ座銀河団は中心に巨大な楕円銀河が2個あるとはいえ、全体的には球のような形状をしているように見えるからだ。

ところが、観測してみると、銀河団の銀河の恒星質量を足し合わせても、力学的な質量にはまったく足りないのだ。銀河団をまとまった存在として安定させるには、二桁も質量が足りないことがわかった。しかし、かみのけ座銀河団の形状は球形で落ち着きのある形をしている。つまり、力学的には安定していて、すでに平衡状態になっていると考える方が理にかなっている。

そして、ツヴィッキーは迷わずこう考えた。

〝見えない物質〟があるのではないか？

つまり、可視光の写真には映らない〝何か〟が銀河団の中にあり、その質量が銀河団を力学的に安定させているのではないかと考えたのである。

図2-14｜かみのけ座銀河団。距離は3.2億光年。中央に見える二つの巨大な楕円銀河（NGC 4874とNGC 4889）の他に1000個もの銀河が集まっている（**口絵12**, NASA/JPL-Caltech/L. Jenkins（GSFC））

ただ、まだ1930年代のことである。観測の不定性もあり、大きな問題として取り上げられることはなかった。いつも突飛なアイデアを出してくるツヴィッキーの性格も災いしたのかもしれないが、それは知るよしもない。

しかし、〝見えない物質〟の問題は1970年代に再燃した。今度は、渦巻銀河の周りに見えない物質があるのではないかと思われだしたのだ。アメリカの天文学者、ヴェラ・ルービン（1928-2016、図2-15）が行ったアンドロメダ銀河の観測が口火を切った。

彼女は、アンドロメダ銀河の円盤がどのように回転しているかを調べた［図2-16］。回転速度は銀河の中心付近で大きな変化を示す。特に中心領域では一気に回転速度が上昇する。この様子は剛体回転に近い。剛体とは固形状のものである、円盤の形をしているものとしてたとえばフリスビーがそうだ。回転するフリスビーを考えてみるとわかるが、中心では回転速度はゼロで、外側に行くほど回転速度が速い。回転速度 v は中心からの距離 r に比例して速くなる［図2-17の左の図］。

アンドロメダ銀河の回転の様子で問題になるのは、その外側での回転曲線の振る舞いである。これは不思議なことに円盤の外側でも回転速度は遅くならずにほぼ一定の値を保つのである。これは予想に反する結果である。なぜならば、アンドロメダ銀河は中心部が明るく見え、外側に行くにつれ暗くなっている。渦巻銀河はいずれもこのような光度分布を示す。この姿を見れば、質

図2-15｜ヴェラ・ルービン 米国国立光学天文台キットピーク天文台で観測の準備をしている様子（http://home.dtm.ciw.edu/users/rubin/）

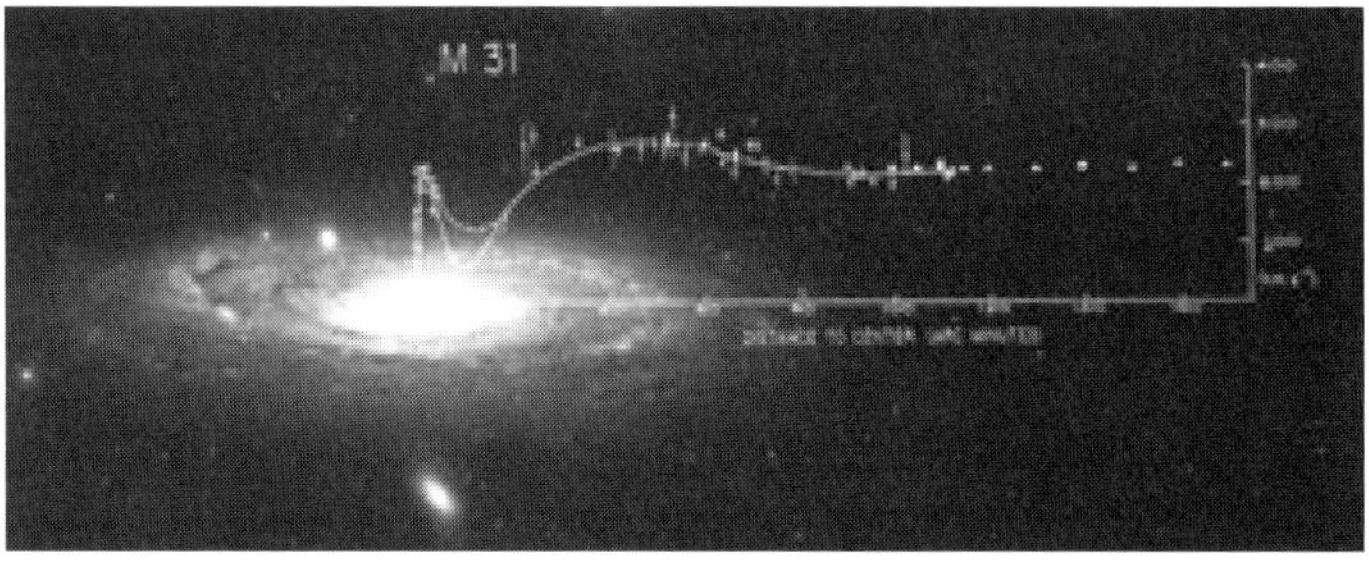

図2-16｜アンドロメダ銀河の円盤の回転（https://home.dtm.ciw.edu/users/rubin/）

量は中心の方にたくさんあり、外側に行くにつれ減少していくと誰しも思うだろう。もし、銀河の質量分布が中心に集中しているとするならば、どのような回転曲線が予想されるだろうか？

その答えのヒントは、太陽系にある。太陽系の質量のほとんどは太陽が担っている。そのため、太陽の周りを回る惑星の公転速度は太陽に近い惑星ほど速く、外側の惑星ほど遅い。実際、惑星の公転速度は太陽からの距離rの$-\frac{1}{2}$乗で遅くなる。このような性質をケプラー回転という［図2-17の右の図］。もし、アンドロメダ銀河でも質量が太陽系のように中心集中しているのであれば、ケプラー回転のような回転曲線がアンドロメダ銀河でも観測されるだろうとルービンは思っていたのだ。しかし、結果は違っていた。回転速度は円盤の外側になっても落ちない。ずっと、一定の速度を保っている。この性質を説明するには、円盤の外側にも見えない物質が必要である。

ルービンはアンドロメダ銀河で得られた結果が他の渦巻銀河でも見られるかを調べてみた。すると、皆同じ性質を持つのだ。こうなると、すべての渦巻銀河の周りには見えない物質があると思う方が自然になってくる。つまり、何かはわからないが、銀河はすべからく見えない物質に取り囲まれているというのが彼女の観測からわかったのだ。*14

じつは、太陽系の近くにある星々の運動も、観測される物質だけでは説明がつかず、何か見えない物質があるのではないかと思われていた。太陽もそうだが、銀河系の円盤部にある恒星

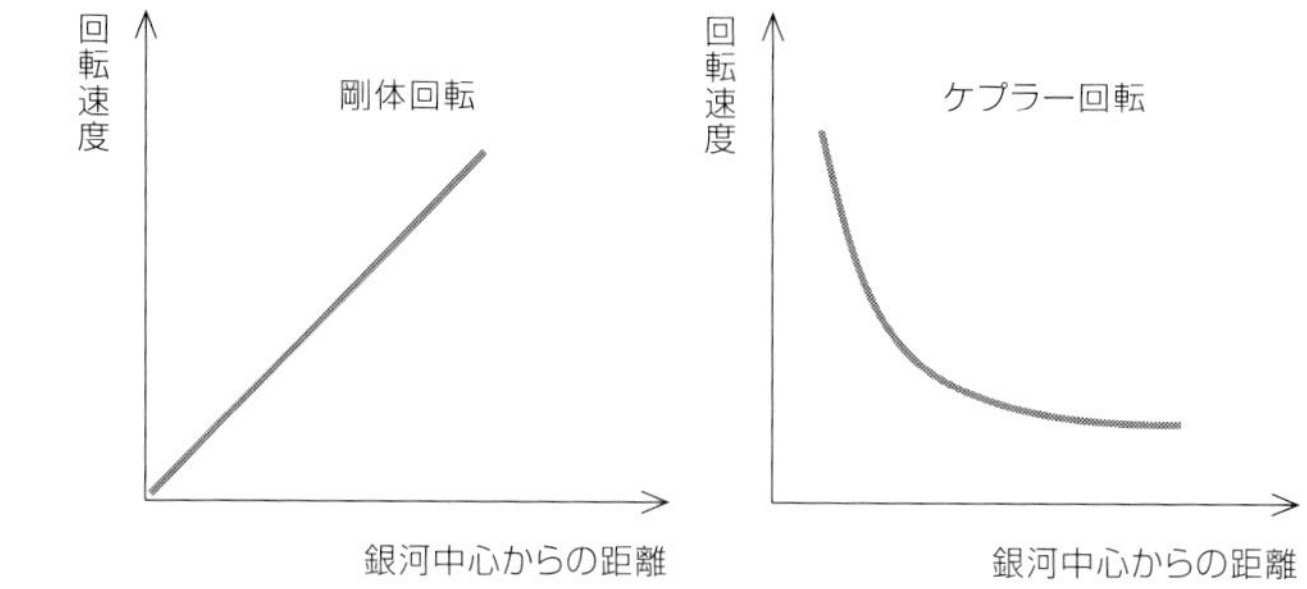

図2-17｜円盤の回転：［左］剛体回転，［右］ケプラー回転

は銀河系の中心の周りを約2億年かけて回っている。どのように回っているか詳細に調べてみると、太陽系の近くの恒星は銀河面に垂直な方向に振動しながら回っていることがわかった。

ところが、垂直な方向への運動速度が予想より大きいのである。次ページの表2-1に示したように、力学的質量の密度は0.18 $M_\odot/\mathrm{pc}^3$（$M_\odot$やpcは表2-1の注bを参照）である。ところが恒星やガスの質量を足し合わせても密度は0.11 $M_\odot/\mathrm{pc}^3$しかならない。

＊14　ルービン氏は暗黒物質の観測的検証で、ノーベル物理学賞の候補に何回も上がっていた。2016年にご逝去されたので受賞の可能性は消えたが、彼女の偉業は末長く語り継がれるだろう。

表2-1｜銀河系の太陽系近傍の質量密度

質量の種類	内訳	質量密度[b]（$M_{\odot}/pc^3$）
力学的質量		0.18
観測される質量	恒星	0.044
	恒星の残骸[a]	0.028
	ガス	0.042
観測されない質量		0.07

a：恒星の残骸とは白色矮星のように暗くて観測が難しい恒星のことを意味する
b：$M_{\odot}$は太陽の質量で約2×10^{30} kg，pc（パーセク）は距離の単位で約3.26光年（141ページのコラムを参照）

差し引き0・07 $M_{\odot}$／pc^3質量密度は〝見えていない〟のである。つまり、銀河円盤に垂直な方向での大きな速度を説明するには、銀河系の円盤部には観測されるより大きな質量を担う物質が存在しないといけないことがわかったのである。今から半世紀も前のことだ。

これは〝ミッシング・マス（質量）〟問題と呼ばれ、かなり物議を醸した問題であった。しかし、やはりうやむやのうちに終わった問題でもあった。太陽系の近くとはいえ、私たちはあらゆる電磁波で観測したわけではない。だから、見過ごされている物質もあるだろう。決着を見たわけではないが、そのうち解決されるだろうという楽観的な思惑の中で時が流れたのだった。

しかし、振り返ってみれば、銀河団、銀河、太陽系の近く。つまり、見えない物質は、どこにでもあると認めざるを得ない状況が出来上がっていたことは事実であった。

そして、1980年代に入ると、まったく別の観点からも見えない物質の必要性が要請されるようになった。コンピューターの性能が上がり、銀河の形成と進化のシミュレーションが、かなりの精度で行えるようになってきた時代のことである。ビッグバンモデルが正しい限り、私たちの知っている原子物質は、宇宙誕生後わずか3分間に生成された。[*15] そして、生成された量は計算できる。その量に基づいて銀河を作ろうとすると、上手くいかない。物質の量が少なすぎて、重力が弱く、ガスが集まらず星や銀河ができないのである。したがって、銀河形成理論の観点からも、大量の見えない物質がないと困ることになったのだ。

そして、見えない物質は暗黒物質、ダークマターと呼ばれるようになった。ダークという言葉は、暗いという意味にも使われるが、〝わからない〟という意味でも使われる。ダークマターのダークはまさに〝わからない〟物質なのだ。

しかし、一つだけ要求されることがある。暗黒物質の温度は低めが良いということだ。銀河を作るためには銀河の回転や銀河内の恒星のランダム運動程度の速度であることが望ましい。

*15 最初の3分間だけ、宇宙の温度が1000万Kを超えていたので、原子核合成が可能だった。

数字でいうと、数百km／sぐらいの速度である。暗黒物質の候補には光速で運動するものもあり得るが（熱い暗黒物質と呼ばれる）、そんなスピードで動き回っている暗黒物質がおとなしい銀河を作るとは思えない。この理由で銀河の形成や進化に影響を与えるのは〝冷たい暗黒物質（cold dark matter, 略してCDMと呼ばれる）〟でなければならない。そのため、暗黒物質に導かれた銀河形成論はCDMパラダイムと呼ばれている。

パラダイム（paradigm）という言葉は米国の哲学者トーマス・クーン（1922-1996）による造語だが、「模範」と略されることが多い。模範と言われてもピンとこないが、ある時代、支配的に信じられる一つの学説のことだと思えば良い。つまり、CDMパラダイムは80年代に台頭した銀河形成論であり、多くの研究者がそれを信じて研究を進めていたのである。

信じることは容易いことだが、どんな理論でも観測的な検証がなされなければ、真の学説とはなり得ない。この点において、CDMパラダイムの場合、困難があった。なぜなら暗黒物質は見えないからだ。

CDMパラダイムを観測的に検証するにはどうしたら良いだろうか？ 検証方法だけなら自明である。宇宙における銀河の分布と暗黒物質の分布を比べて、両者が非常によく一致していることを確認すれば良いからだ。銀河の分布を調べることは簡単である。問題は暗黒物質の分布を調べることが難しいということだ。しかし、不可能ではない。暗黒物質が大量にある場所

図2-18｜重力レンズ効果の例。21億光年彼方の銀河団Abell(エーベル)2218に付随するダークマターの重力によって，この銀河団の背後にある，より遠方の銀河が重力レンズ効果を受けてアーク(弓)状に見えている(口絵13, W. Couch(University of New South Wales), R. Ellis(Cambridge University), and NASA)

(たとえば銀河団)では時空が歪み、背後からやってくる光を曲げ、銀河の形を微妙に変化させる[図2-18]。これは重力レンズと呼ばれる現象である。この効果を使えば、宇宙における暗黒物質の分布を調べることができるのだ。ただ、原理的にできる、というだけで実際に行うことは難しい。なぜなら、重力レンズ効果は弱いので、その効果の検出そのものが大変難しい。そのため、精密な観測が必要になる。また、質量分布を正確に求めるには、多数の銀河の像を調べなければならない。つまり、原理は簡単だが、行うのは難しいという状況が続いていた。

では、どうして重力レンズ効果で、図2-18に示した歪んだ銀河の像が得られるのだろうか？ その原理を説明しよう。図2-19に示すように我々は銀河団エーベル2218の背後にある銀河を観測する。銀河団周辺は大量にある暗黒物質の質量で時空がゆがんでいる。そのため、銀河団の背後にある銀河（図では右上に見える銀河）からの光は図に示したように曲げられて地球に届く。しかし、我々はそんなことを知らずに、光がやってきた方向に銀河を見ることになる。それが、歪められた銀河像として観測されるのである。銀河団の重力場の形（つまり、レンズの形）は歪んでいる。また我々、銀河団（レンズ）、遠方の銀河（レンズされている銀河）は一直線上にあるわけではない。そのため、綺麗な対称的な形には見えず、弓状などの形状になってしまうのである。

そして、2007年。宇宙のダークマターの広域3次元地図がついに作成された。ハッブル宇宙望遠鏡の基幹プログラムである〝宇宙進化サーベイ（コスモス・プロジェクト）〟の成果である［図2-20］。約50万個もの銀河の形態を精密に調べ上げ、重力レンズ効果を利用して宇宙における質量分布を明らかにしたのだ。この研究のおかげで、ダークマターのたくさんあるところに、銀河が寄り添うようにあることがわかった。つまり、ダークマターがその重力で集まり、そのおかげで原子物質も集まり、星が生まれ、銀河に育ってきたことが確認されたのである。CDMパラダイムは正しかったのだ。

こうして、宇宙の構造を造ったのはダークマターであることは確実になった。しかし、ダークマターがなんであるか、人類は未だにその答えを知らない。おそらく未知の素粒子であろ

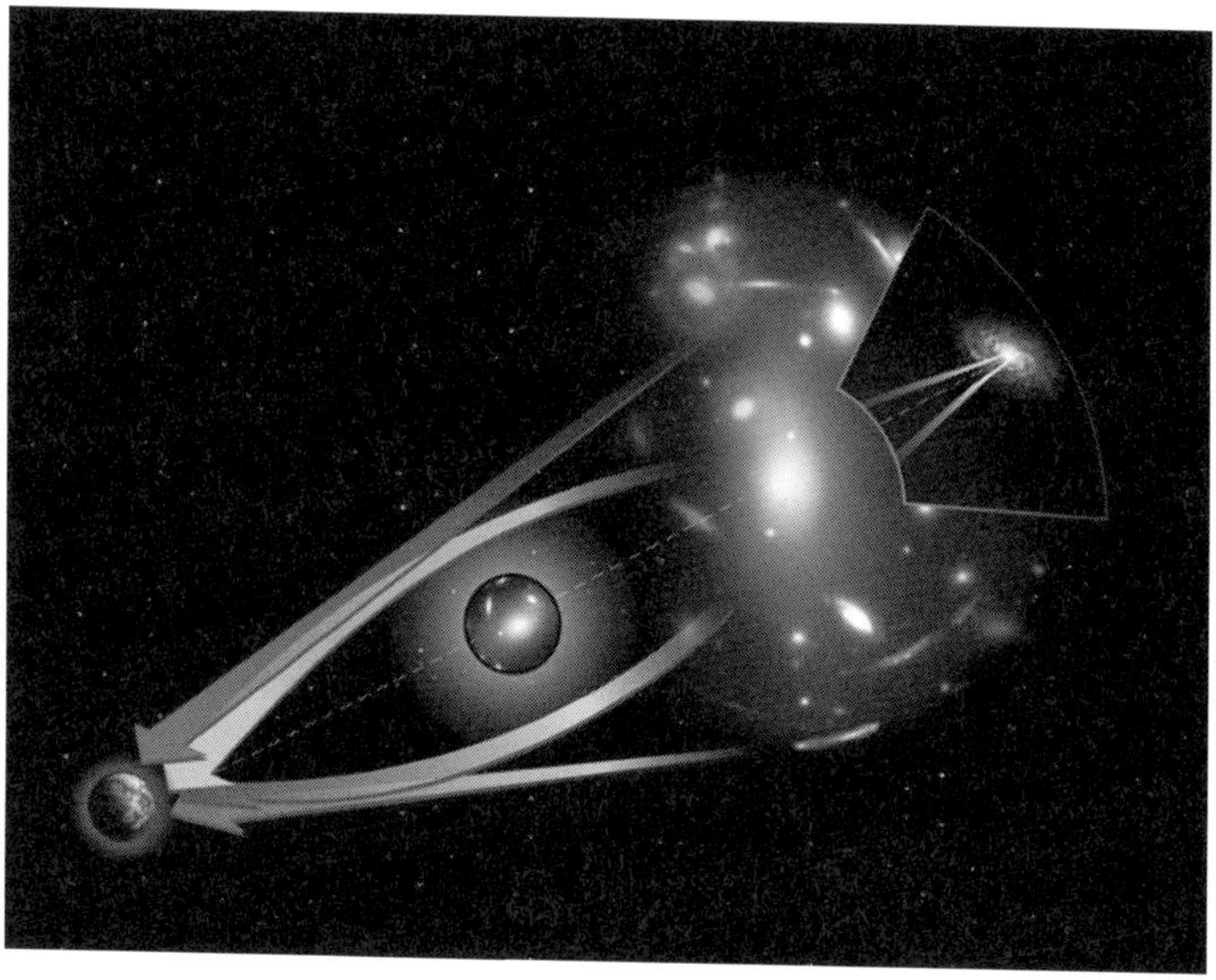

図2-19｜重力レンズ効果の概念図(STScI)

うと考えられているが、少なくとも次のような性質を持たなければならない。

・質量は普通の原子物質より重い（数倍以上）
・銀河の形成のみならず進化も支配しているので、宇宙年齢程度は長生きでなければならない
・いかなる電磁波でも観測できないので、電荷を持っていない（電気的に中性である）
・原子物質とはほとんど相互作用しない

いくつか候補となるような素粒子があるが、今のところ特定されていない。直接検出したいところだが、それはかなり難しい。最もシンプルな検出方法は原子との相互作用を捉えることだが、最後の性質がそれを妨げているからだ。ただ、検出の努力は続けられている。成功することを祈りたいのは、私だけではないだろう。

次は、暗黒エネルギー、ダークエネルギーの話をしておこう。ダークマターもそうだが、図2-12に示した宇宙の成分表は、宇宙が極端に若い頃の姿を詳細に調べてわかったことだ。若い頃というのは、宇宙の年齢が37万歳の頃のことだ。この時代は電波で見ることができ、宇宙マイクロ波背景放射として観測されている［図3-22参照］。

この頃、宇宙はまだ非常に密度の高い流体のような状態だった。宇宙初期に起こったさまざ

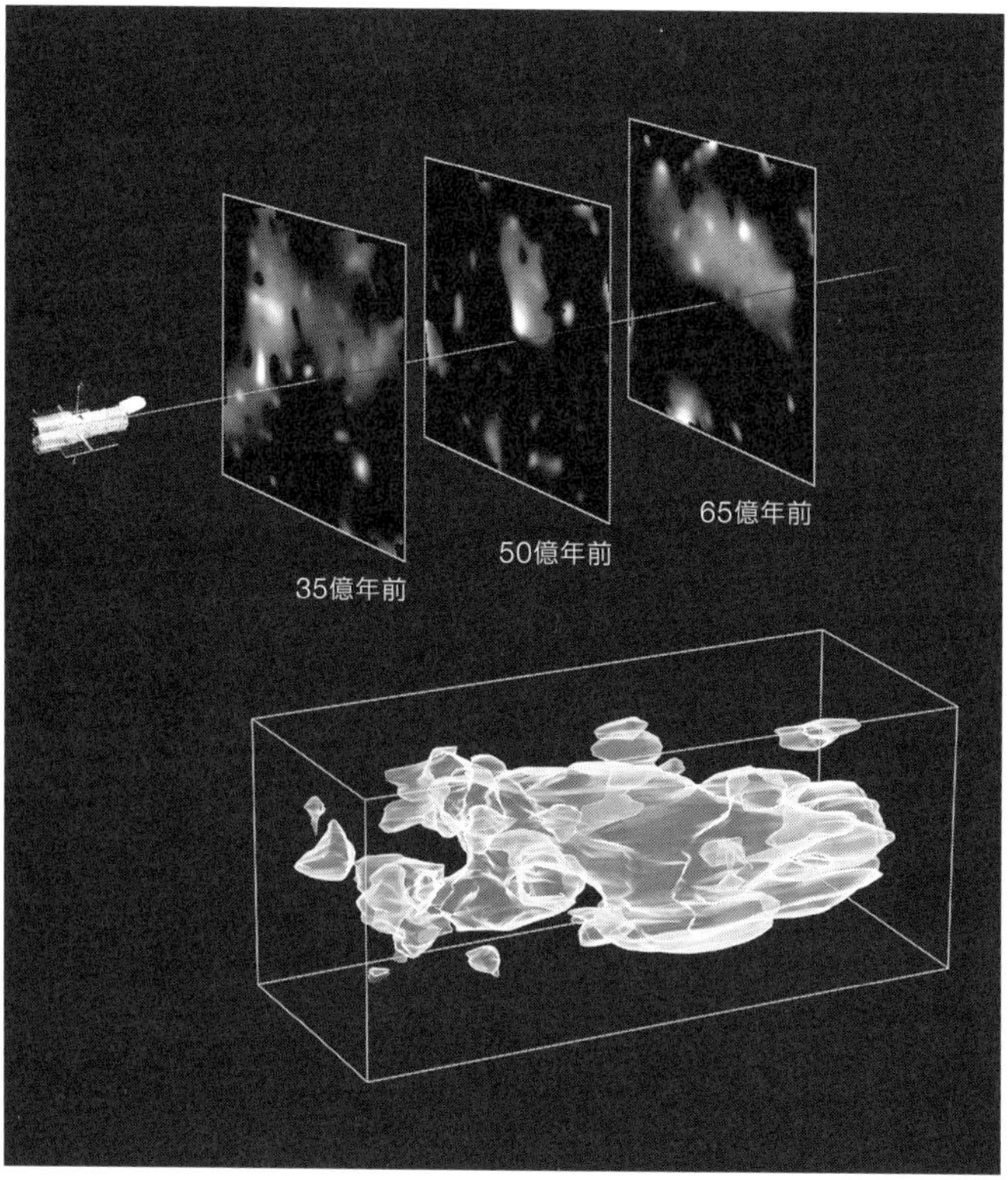

図2-20｜宇宙進化サーベイが明らかにしたダークマターの3次元地図。雲のように分布しているのがダークマター。私たちは左下の方から宇宙を観測しており，下の地図に示されているのは距離が10億光年から80億光年である。80億光年先の宇宙の大きさは2.4億光年四方。上に示されている3個のパネルには35億光年，50億光年，65億光年の距離のところでの，暗黒物質の二次元分布図。詳細は拙著『宇宙進化の謎』（講談社，2011年）を参照（口絵14，NASA, ESA, and R. Massey（California Institute of Technology））

まな出来事のおかげで、宇宙全体がわずかであるが太鼓の膜のように振動している。その振動の様子を調べることで、宇宙の成分に制限がつく。その結果、私たちの住む宇宙は、質量の約7割をエネルギーという形で担っていることがわかったのだ。しかし、これはまさにその割合がわかっただけで、ダークエネルギーが何であるかはまったくわかっていない。ダークマターは未知の素粒子であることが推定されているだけましだが、ダークエネルギーについては、今のところ、まったくのお手上げ状態が続いている。百年経ってもわからないのではないかと噂されているぐらいだ。

今世紀は、図2-12の宇宙の成分表がわかったところで、宇宙の理解は止まったままの状態が続くかもしれない。しかし、それは恥ずべきことではないように思う。自分たちの住む宇宙がこれほど奇妙であることを認識しただけでもすごいことだからである、

ところで、暗黒エネルギーの歴史は意外にも暗黒物質の歴史よりも古い。なんと、最初に議論されたのは1917年なので、1世紀以上の歴史を持つことになる。しかも言い出したのは一般相対性理論を構築したアルベルト・アインシュタインであった。アインシュタインは自ら構築した一般相対性理論に基づいて、宇宙を支配する方程式を導いた。すると困ったことになった。安定した宇宙は存在せず、膨張したり、収縮したり、変動する宇宙しか存在し得ないことになったからだ。当時はまだ天の川が宇宙全体であると考えられていた時代である。アイ

ンシュタインでなくても、宇宙は静的であり、時間変化しないものであると考えるのが普通であった。

宇宙に特別な場所はなく、〝一様・等方〟である。ここで〝等方〟は〝どの方向を見ても同じに見える〟という意味である。この考え方は〝宇宙原理〟と呼ばれる。この条件に時間変化もしないという条件が加わると〝完全宇宙原理〟と呼ばれる。いわゆる〝定常宇宙論〟の考え方である。アインシュタインはまさにこの定常宇宙論をイメージしていたのである。

そこで、彼は静的な宇宙を作るために、宇宙方程式に定数を加えることにした。これを宇宙定数、あるいは宇宙項と呼ぶ。この定数が、じつは暗黒エネルギーと同じ役割を果たすのである（ただし、暗黒エネルギーが時間変化しない定数かどうかはわかっていないので、現時点では、宇宙定数と暗黒エネルギーを厳密に同じとみなすことはできない）。しかし、この定数は彼が恣意的に入れただけのもので、物理的な根拠はない。その後、宇宙膨張の証拠が発見され、アインシュタインも深く反省し、宇宙定数を取り下げてしまった。

宇宙の膨張が確認され、ビッグバン宇宙論（第3章）が主流となったことは言うまでもない。ところが、定常宇宙論絡みでもう一度暗黒エネルギーのような概念が提案されたことがあった。それは〝C場〟モデルと呼ばれるものである。提唱者は最後まで定常宇宙論を諦めなかった英国の天文学者フレッド・ホイルである。彼のアイデアはこうだ。宇宙が膨張すると、宇宙の平均的な物質密度は減少する。宇宙を定常に保つためには真空（場）から物質が湧き出てくれば良い。その場を〝C場〟と名付けたのである。しかし、このアイデアに理論的な根拠はまったくと言って良いほどない。その意味ではアインシュタインの宇宙定数と同レベルの話である。要するに、そうあってほしいという願いだけが先行している話だからである。

こういう怪しい歴史を持つ暗黒エネルギーであるが、見事な復活を遂げた。１９９８年のことだった。それは、宇宙定数とか暗黒エネルギーとかとはまったく無縁の研究から生まれたのだから、研究とは面白いものだ。

宇宙は膨張している。これは、良しとしよう。ところで、宇宙の膨張率は時間的に変化しているのだろうか？　まさに、このことを調べようとしただけのことなのである。

宇宙は誕生直後に発生したインフレーションが残した膨大な熱エネルギーで膨張を続けるが、これがビッグバンと呼ばれている現象である。では、この膨張の様子は、その後どうなるだろうか？　考えられる可能性は次の三つしかない。

・膨張は遅くなる
・膨張は一定の速度で続く
・膨張は速くなる

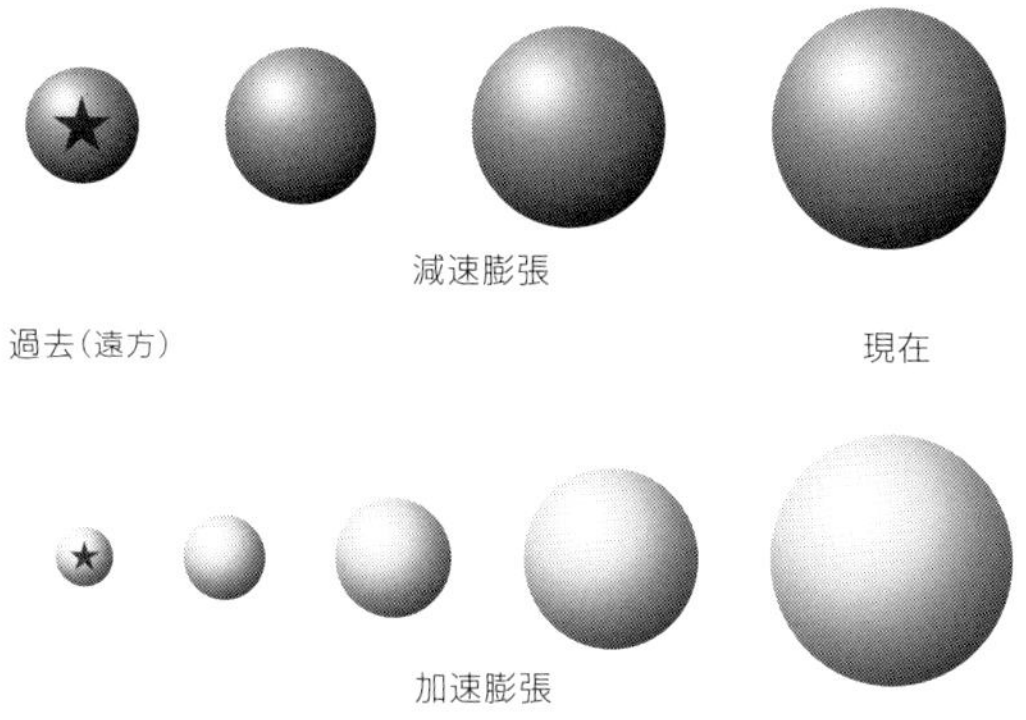

図2-21｜遠方の天体の見え方の比較。[上]宇宙が減速膨張している場合，[下]加速膨張している場合

宇宙は膨張を始めたものの、宇宙には物質があるので、その重力が膨張に対してブレーキをかける。したがって、予想されることは「膨張は遅くなる」ということだ。つまり、重力に優るなんらかの力が働かない限りは、膨張が一定の速度で続いたり、速くなったりしないのである。この推論が正しければ、膨張が減速する様子を調べてみることは大変重要になる。

では、減速の様子をどうやって調べたら良いだろうか？それは遠方の天体がどのぐらいの明るさで観測されるかを、さまざまな距離で調べてみれば良い。宇宙が減速膨張している場合と加速膨張している場合で、遠方の天体がどのように見えるか、その様子を図

2-21に示した。この図を見るとわかるように、減速膨張している場合の方が、遠方の天体までの距離は一様に膨張している場合に比べて近くにあることになるので、明るく見える。一方、加速膨張していると、逆になり、その天体までの距離が相対的に遠くなるので、暗く見えるということだ。このことを観測で明らかにするためには、何をすれば良いか？ それは光度（絶対的な明るさ）のわかっている天体（標準光源と呼ばれる）を、さまざまな距離で見かけの明るさを測り、比較してみれば良い。予想された明るさより明るければ、予想より近くにある。逆に、予想された明るさより暗ければ、予想より遠くにあるということだ。ここで、〝予想された明るさ〟という言葉が出てくるが、これは天体の赤方偏移がわかれば距離がわかるので計算できる。

あとは、標準光源として何を使えば良いかである。大口径の望遠鏡を使えば、遠方の宇宙にも多数の銀河を観測することができる。しかし、銀河は標準光源にはならない。明るい（大きな）銀河もあれば、暗い（小さい）銀河もあるからだ。一方、恒星は質量が決まれば光度が決まるので（主系列星の場合）標準光源になりうるが、遠方の銀河の中にある個々の恒星を区別して見ることはできない。結局、遠方宇宙にあっても標準光源として使えるには、銀河ぐらい明るくないとダメだということである。そして、その役割を果たしてくれるものが一つある。Ⅰa《イチエー》型超新星である。

大別すると、超新星にはⅠa型とⅡ型の二種類がある。Ⅱ型超新星は太陽の8倍以上重い恒星が死ぬときの大爆発で輝くものである。明るいという意味では合格だが、その明るさは揃っていないので標準光源には適さない。標準光源となるのはIa型超新星と呼ばれるものだ[図2-22]。

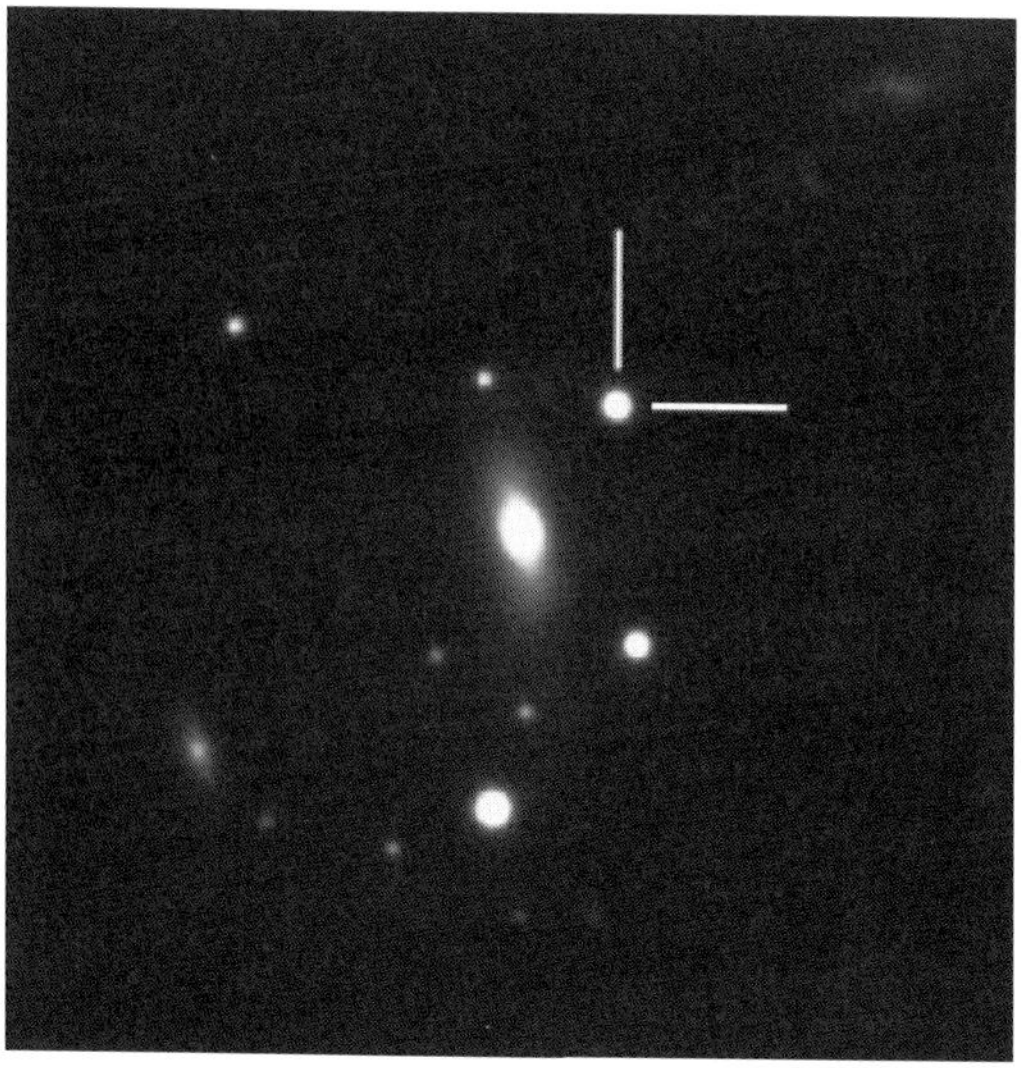

図2-22｜中央に見える銀河UGC 10064で発見されたIa型超新星SN 2009dc(2本の棒で示されている天体)の光学写真(http://th.nao.ac.jp/MEMBER/tanaka/press_Ia.html.広島大学·東広島天文台)

Ⅰａ型超新星は連星を成す白色矮星が爆発する現象である。図２‐23に示したように、白色矮星を含む連星があり、白色矮星の伴星である恒星からガスが降り積もり、白色矮星の質量が増して行く。白色矮星は質量が太陽の８倍より軽い恒星が進化しきった残骸であり、白色矮星には電子がびっしり詰まっていて、その圧力で恒星としての形を保っている。その形を保つための最大の質量があり（チャンドラセカール限界と呼ばれ、太陽質量の1.4倍）、それを超えると内部で爆発的に核融合が発生して爆発する。それがⅠａ型超新星として観測されるのだが、都合の良いことに光度が明るく、最大光度が一定である。そのため、遠方の宇宙における標準光源として使える。

そこで、Ⅰａ型超新星を使って宇宙の膨張の様子を探るプロジェクトが１９９０年代中盤に入って始められた。その結果を図２‐24に示した。この図を見るとわかるように、我々の住む宇宙は赤方偏移z～１辺り（約60億歳）から加速膨張の傾向を示すことがわかったのである。減速膨張しているという予想は見事に外れてしまったことになる。

この世紀の大発見に対しては当然のことながらノーベル物理学賞が授与された。２０１１年のことだった。この発見には二つのチームが貢献した。超新星宇宙論プロジェクトと高赤方偏移超新星プロジェクトである。前者からソウル・パールムッター、後者からブライアン・シュミットとアダム・ソースの三氏にノーベル物理学賞が与えられた。両プロジェクトの活躍は

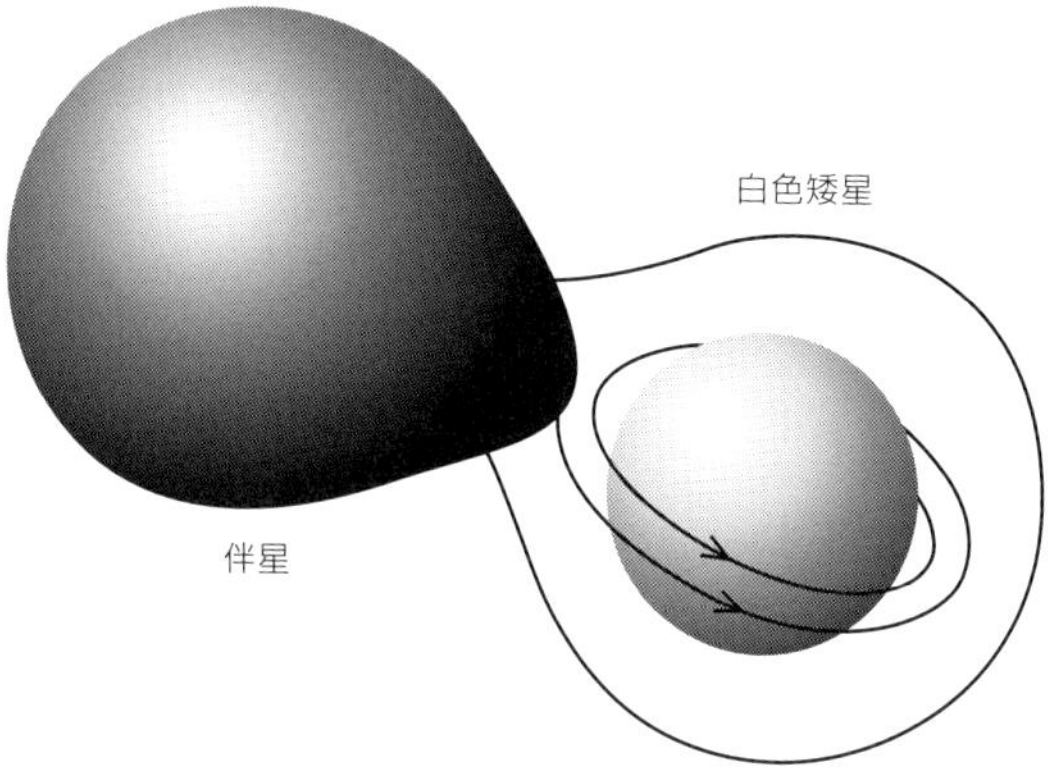

図2-23｜白色矮星を含む連星。パートナーからガスが流入して白色矮星の質量が増える様子(http://th.nao.ac.jp/MEMBER/tanaka/press_Ia.html,広島大学·東広島天文台)

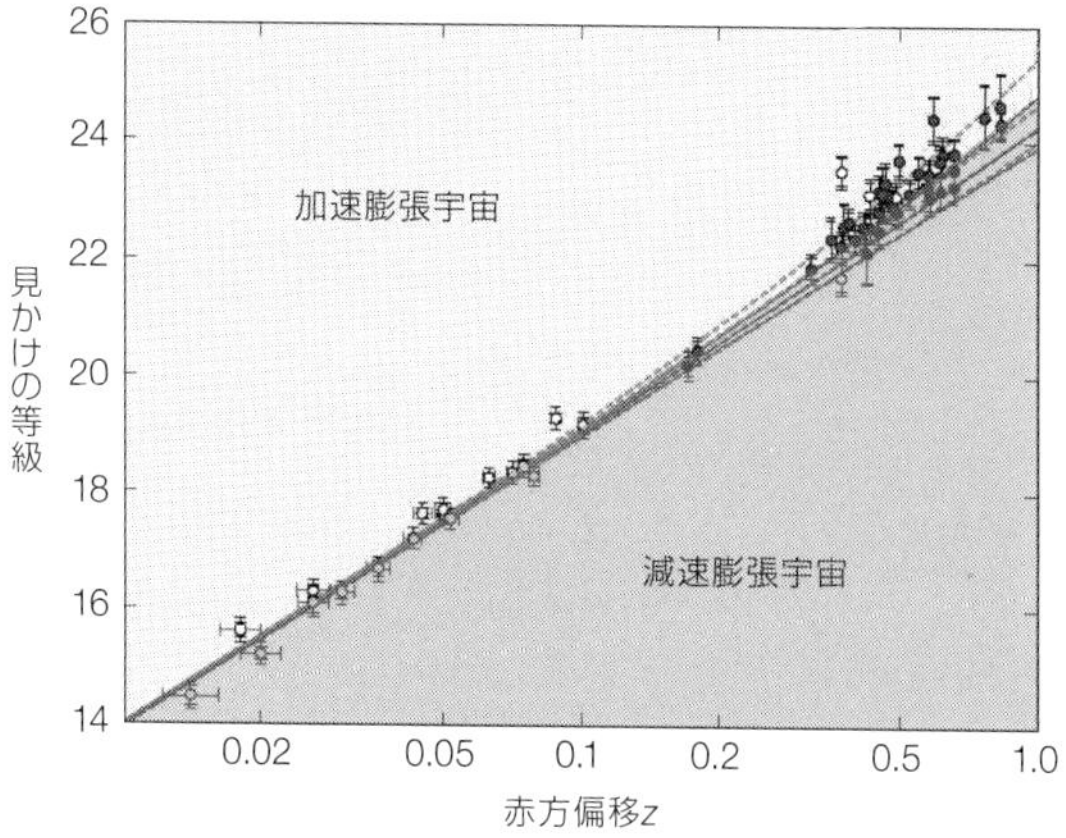

図2-24｜Ia型超新星に対して得られた見かけの等級と赤方偏移の関係。観測点が右下に来ると減速膨張，左上に来ると加速膨張を意味する(ソウル·パールムッター氏提供の図を改変)

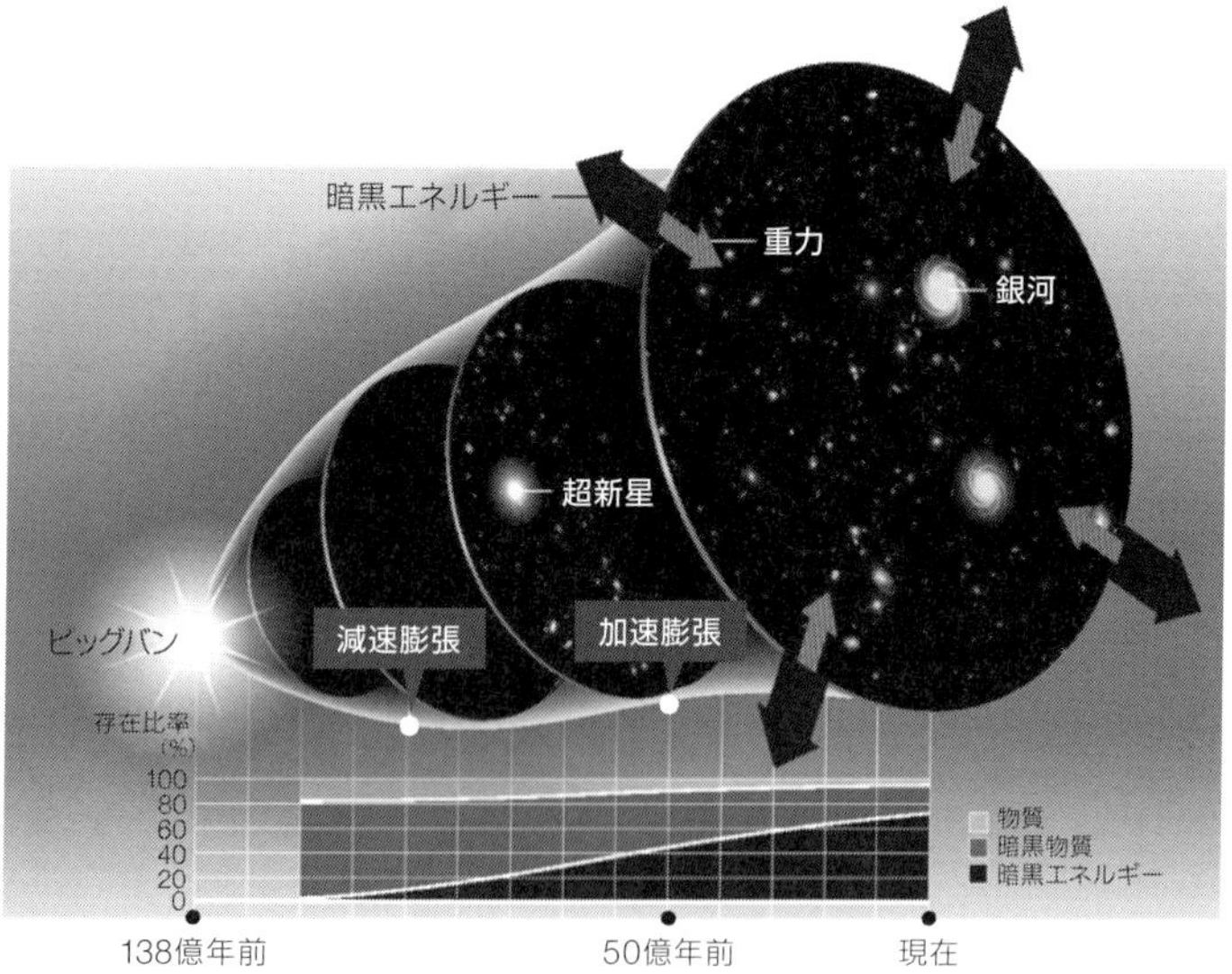

図2-25｜宇宙の膨張の歴史。宇宙は最初の約60億年は予想通り減速膨張しているのだが，その後は加速膨張に転じている（ノーベル財団のホームページから）

『4%の宇宙』（リチャード・パネク著、谷口義明訳、ソフトバンククリエイティブ、2011年）に詳しく紹介されている。ノーベル財団のホームページには図2-25が掲載されている。宇宙は最初の約60億年は予想通り減速膨張しているのだが、その後は加速膨張に転じているのである。この加速を担っているのが暗黒エネルギーだと考えられているのだ。

こうして、我々は暗黒物質と暗黒エネルギーに支配された宇宙に住んでいることがわかってきた。はっきりしていることは、こんな不可思議な宇宙に天の川銀河は存在していることだ。しかし、人類の宇宙探求の道筋は見えてきた。暗黒物質と暗黒エネルギーの謎に挑むしかないのだ。

3 天の川の行く末

梢の先に見えるアンドロメダ銀河（©Kouji Ohnishi）

隣人としてのアンドロメダ銀河

いよいよ、最終章。天の川銀河の消える日について見ていくことにしよう。

私たちは自分たちの住んでいる町が消えるなど、普通考えることはない。確かに日本は高度成長期を終え、少子高齢化の時代を迎えている。若者は都会を目指し、地方はさびれる一方である。〝限界集落〟[*16]などという言葉も聞かれる時代になってしまった。私が子どもの頃には、そのような言葉を聞くことはなかった。仮にその町に、誰もいなくなったとしよう。確かに人はいない。しかし、町という物理的な場所は存在しているだろう。見渡す限り荒れ果てた大地となったとしても、町という構造は残っているはずだ。

しかし、このような感覚に陥るのは、私たちの思考が近視眼的であるためだ。宇宙にある天体について考えるとき、私たちは何十億年、何百億年、あるいはもっと長いタイムスパンを設定しなければならない。そして天文学は教えてくれる。宇宙にあるすべての天体に〝永遠〟という言葉がないことを。地球も然り、太陽も然り。そして、天の川銀河も然りということだ。

つまり、天の川銀河もいつか消えることは、宇宙においては必然のことになってしまう。
では、天の川銀河にどんな未来が待っているのだろう。さっそく、見ていくことにしよう。

天の川銀河の隣

まず、天の川銀河は宇宙の中で孤立しているわけではないことを肝に銘じておこう。第1章で、天の川の本質を見抜くのに役立ったアンドロメダ星雲。それはアンドロメダ銀河である。距離は250万光年。遠いといえば、遠い。しかし、広大な宇宙の中にあってはお隣さんである。天の川銀河もアンドロメダ銀河も大きさは約10万光年である。10万光年を1メートルとすれば、二つの銀河の距離はわずか25メートルである。こう聞けば、アンドロメダ銀河がお隣さんであることがわかるだろう。

もう一つ、お隣さんがいる。それは、さんかく座の方向に見えるM33という名前の渦巻銀河だ［図3-1］。天の川銀河やアンドロメダ銀河ほど大きくはなく、質量も両者の1／10程度しかない。ただ、これら3個の銀河は天の川銀河の周辺では、質量の大きな立派な銀河であることには間違いない。

＊16 「あとがき」を参照されたい。

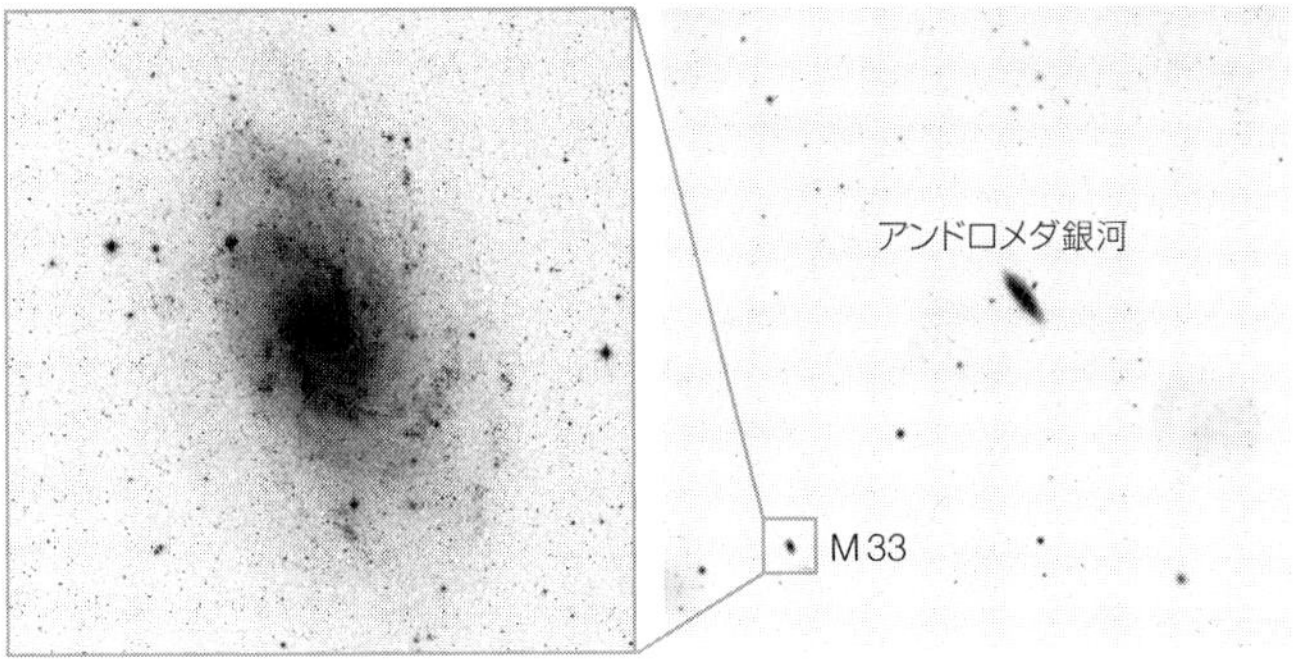

図3-1｜[右]アンドロメダ銀河(中央やや右)とM33(左下)。パロマー天文台の掃天アトラスのデータから作成(提供：征矢野隆夫氏)[左]M33(DSS)

局所銀河群

天の川銀河、アンドロメダ銀河、そしてM33。これらは確かに立派な銀河だ。しかし、これらだけではない。これら3つの銀河の他にも、質量の軽い銀河が数十個もある。図3-2を見てわかるように、天の川銀河の周りには約50個もの銀河がある。まさに〝銀河の群れ（銀河群）〟であり、局所銀河群と呼ばれている。局所銀河群に含まれる銀河の総質量は太陽の質量の約5兆倍もある。もちろん、星やガスだけの質量ではなく、大半は暗黒物質が占めている。

では、銀河群は珍しいものなのだろうか？そんなことはない。宇宙を調べてみると、なんと70％もの銀河は銀河群の中にいるのだ。銀河は寂しがり屋なのだろうか？群れてい

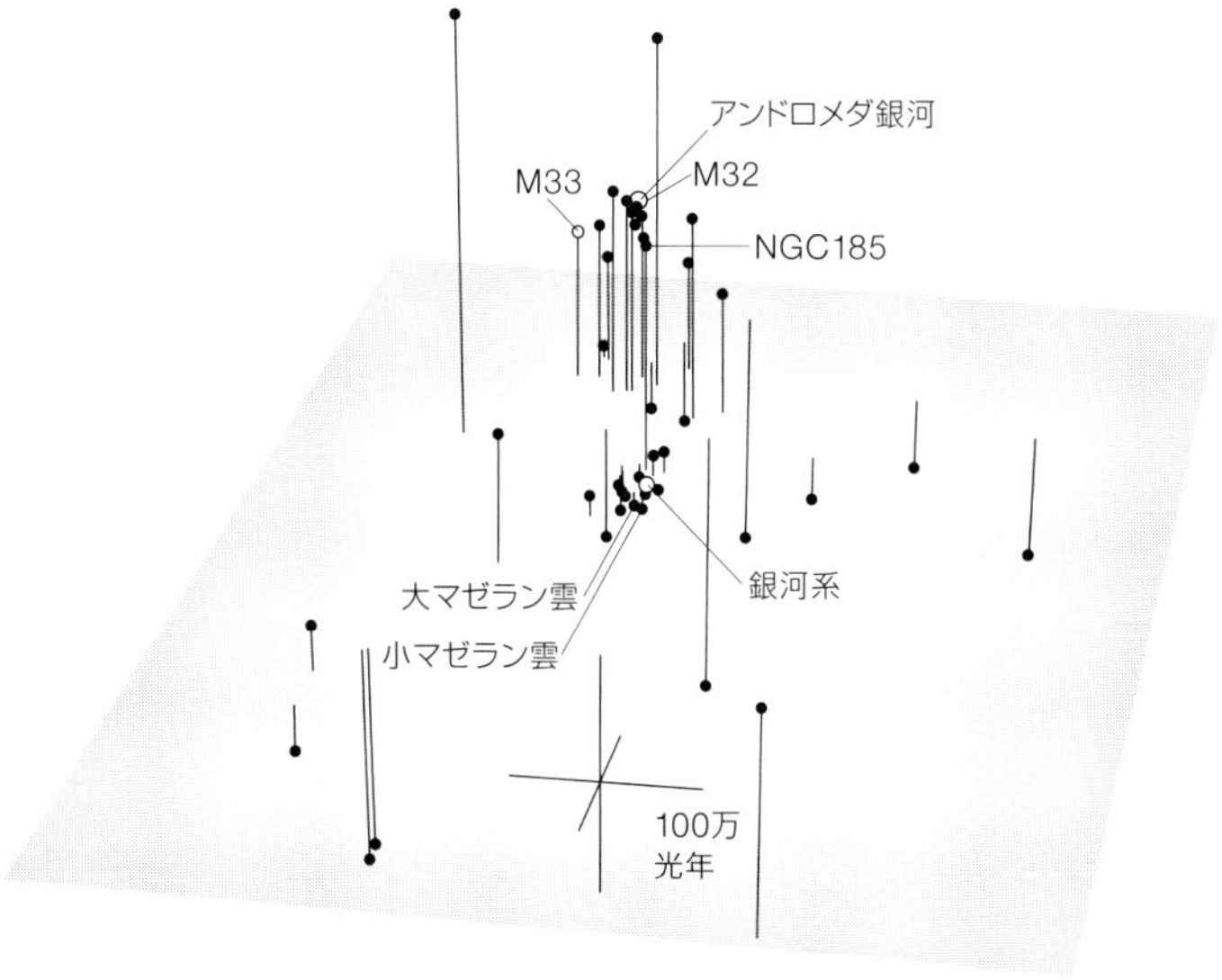

図3-2｜局所銀河群の様子。黒丸1つ1つが銀河に対応している。中央やや上に天の川銀河を中心とした集団があり，その上にはアンドロメダ銀河を中心とした集団がある。その他にも10個以上の小さな銀河が点在している（WIKIPEDIA, https://ja.wikipedia.org/wiki/局部銀河群#/media/File:Local_Group_Diagram_750px.png）

る物理的な理由はある。それは宇宙で構造を作っている立役者は重力だからだ。物質がたくさんあるところは、周りに比べて重力が強い。そのため、銀河は好むと好まざるにかかわらず、集まる運命にある。ただ、それだけのことだ。宇宙は単純である。

美しき隣人

まずは、天の川銀河のパートナーであるアンドロメダ銀河の勇姿を見てみよう［図3-3］。すばる望遠鏡の超広視野カメラ、ハイパー・スプリーム・カム（Hyper Suprime-Cam; HSC）で撮影された姿だ。supremeという単語が使われているが、最高を意味するsupremeとはスペルが一文字違っていることに注意してほしい。じつは、suprimeは造語で、Subaru Prime Focusを略したものだ。Prime focusは主焦点を意味する。すばる望遠鏡のような反射望遠鏡は光を集めるのにレンズではなく鏡（凹面鏡）を使う。鏡で集められた光を、どの焦点で観測するか。これは観測目的によって切り分けられる［図3-4］。最も広い視野を観測できるのは、鏡の焦点部分にカメラ（観測装置）を据えることだ。この焦点を主焦点という。つまり、ＨＳＣはすばる望遠鏡の主焦点に据えられた超巨大なカメラである［図3-5］。

ＨＳＣの素晴らしいところは、非常に広い視野を一気に観測できることだ。アンドロメダ銀河の見かけの大きさは、満月の6倍もある。意外に大きいことに驚かれるかもしれない。アン

図3-3｜アンドロメダ銀河。二つの衛星銀河が見えている：NGC 205（右上）とM 32（アンドロメダ銀河の中心部の下側に見えるやや小さな銀河）（**口絵15**, http://subarutelescope.org/Topics/2013/07/30/j_index.html）

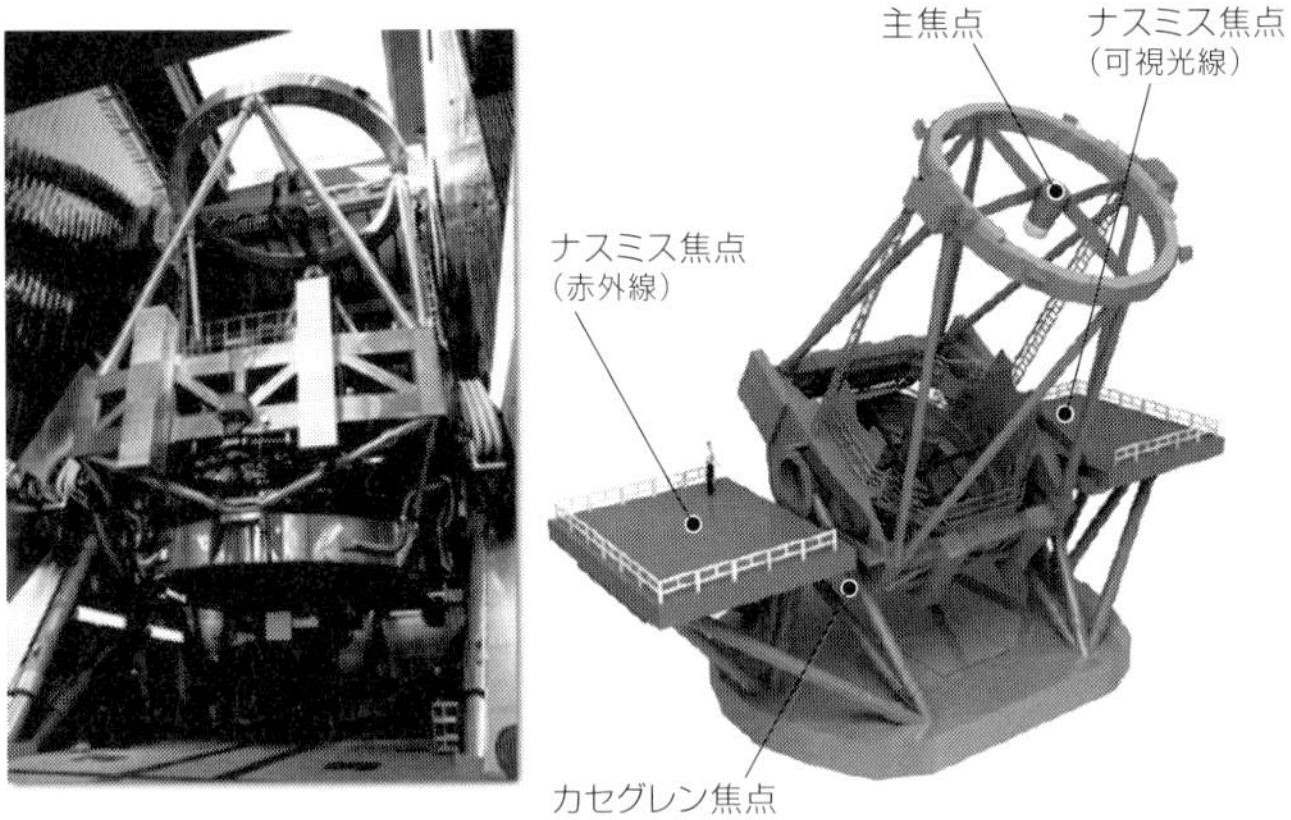

図3-4｜すばる望遠鏡［左］と4つの焦点［右］（国立天文台）

ドロメダ銀河は中心の明るい部分だけでなく、円盤が大きく広がっているので、思った以上に大きく見えるのだ。ＨＳＣはなんと、この大きなアンドロメダ銀河を一回の撮像で捉えることができる［図3-6］。まさに世界一のカメラなのだ。

アンドロメダ銀河の歴史

すばる望遠鏡が撮影したアンドロメダ銀河の姿は美しい［図3-3］。二つの衛星銀河があるにしても、銀河本体はとても綺麗だ。きっと、長い間、こんな美しい姿を保ってきたに違いないと、誰しもそう思うだろう。しかし、そうではない。

アンドロメダ銀河も天の川銀河と同様に、130億年以上も前に産声を上げている。銀

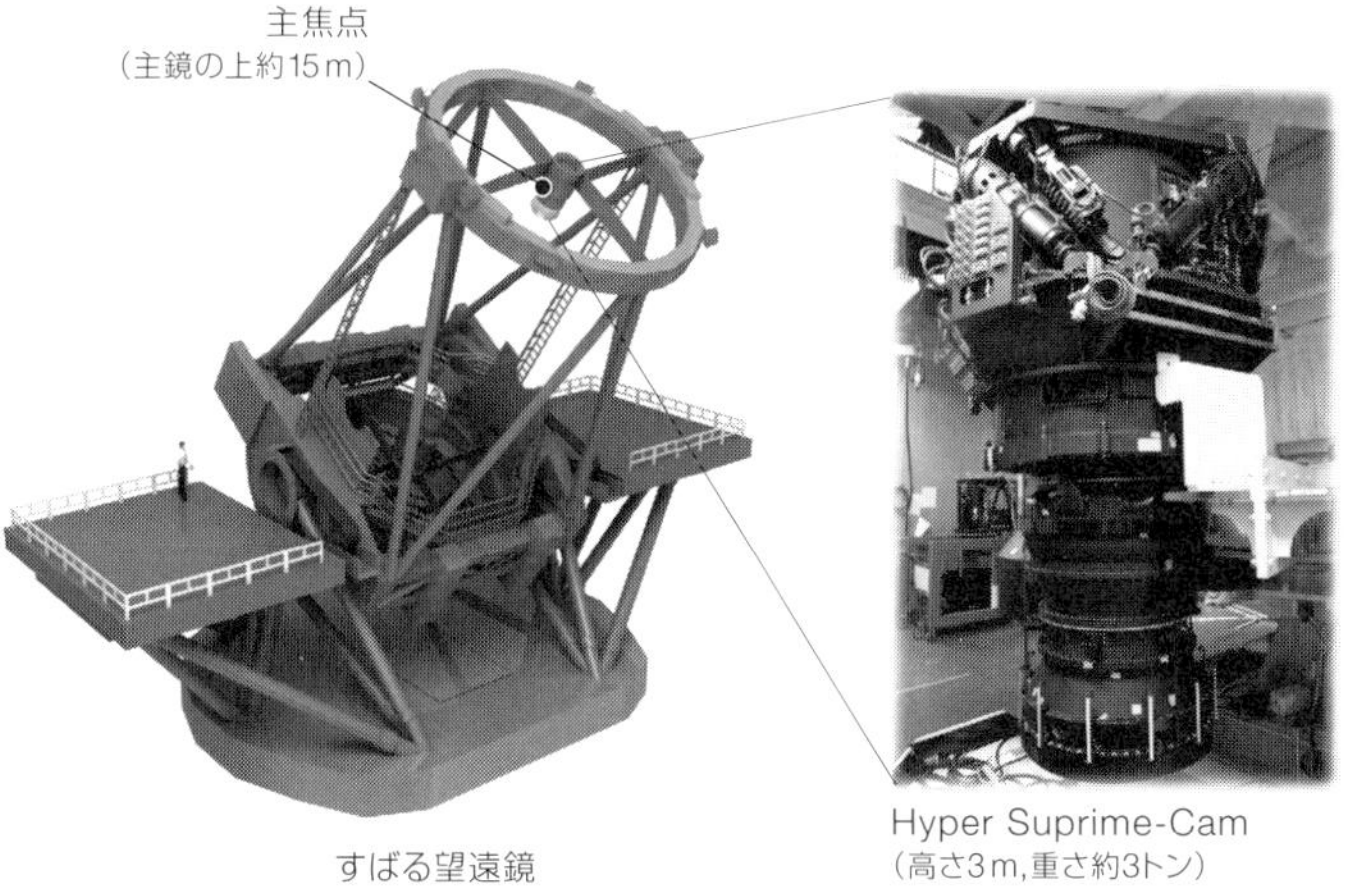

図3-5｜HSC（国立天文台）

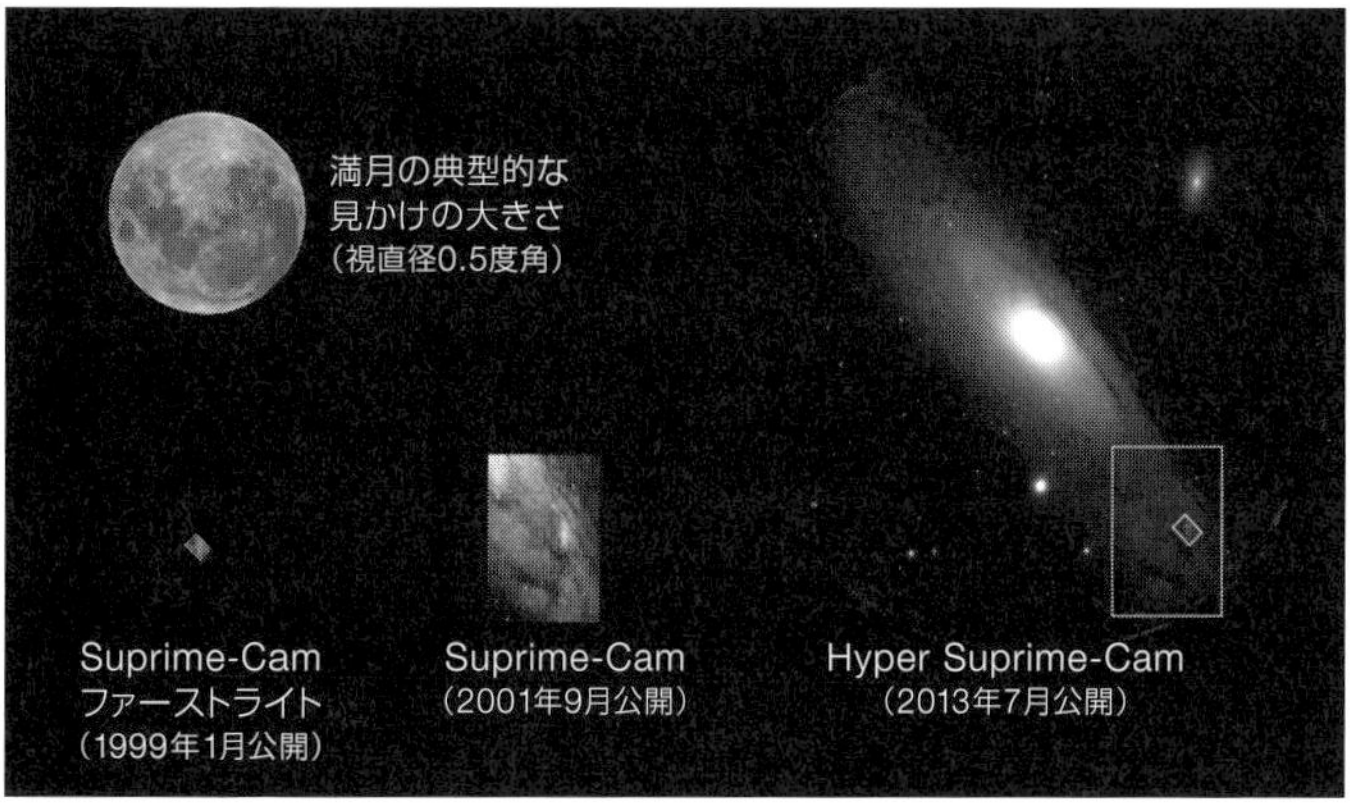

図3-6｜HSCの視野（国立天文台）

河の種ができたのは、宇宙が生まれてだいたい2億年ぐらい経過した頃だと思われている。種はまさしく種で、現在の銀河のように巨大ではない。数百分の一から数千分の一程度のサイズしかなかったはずで、それらが多数合体を繰り返して、現在観測されるような銀河に育ってきたのである。

合体が激しく起こっていたのは、宇宙の年齢が30億歳ぐらいの頃までである。合体でガスが圧縮され、多数の星々が生まれた時期でもある。その後は宇宙膨張が進んでくるので、重力圏外にある銀河はどんどん離れていく［図3-7］。そのため、合体はだんだん起こりにくくなる。したがって、最近の数十億年は比較的穏やかに育ってきたことになる。しかし、重力圏内に捉えられていた小さな銀河はこの間も銀河に合体してきている。実際、アンドロメダ銀河にもその痕跡が多数残されている。

宇宙の膨張と銀河の衝突

図3-7に示したように、宇宙の膨張とともに銀河同士は離れていく。それなのに銀河は衝突するのだろうか？　そういう疑問を持たれるかもしれない。ごもっともな質問だ。

銀河同士は確かに宇宙膨張の効果でお互いに離れていく。しかし、銀河同士には重力が働く。もし、この重力の影響が勝れば銀河同士は宇宙膨張の影響を振り切ってお互いに近づいていく

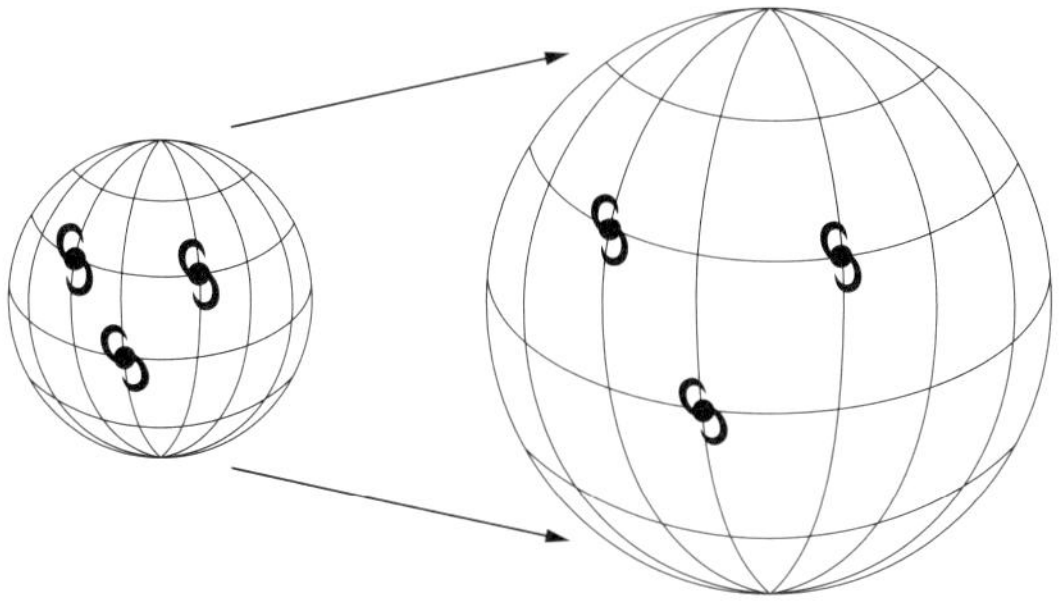

図3-7｜宇宙膨張の効果で，銀河同士が離れていく様子。銀河は宇宙の中に浮かんでいるようなものである。速度に多少のばらつきはあるが，基本的には，ある固定された番地に住んでいると思えば良い。しかし，宇宙全体が膨張していくので，それに伴って，銀河同士は離れていくように観測される。繰り返して言うが，これは銀河が運動しているわけではなく，宇宙膨張の効果で生じている現象である

ことができる。広い宇宙ではそのような状況が起こりうる。そこで、もう少し具体的に考えてみることにしよう。

ハッブルの法則

第１章でも紹介したアメリカの天文学者エドウイン・ハッブルは私たちの住む宇宙が膨張していることを突き止めた。１９２９年のことだ[*17]。

ハッブルが調べたことは、じつは簡単なことである。銀河の距離と視線速度［図3-8］の関係を調べた。たったこれだけのことで宇宙

＊17 ベルギーの司祭ジョルジュ・ルメートルが１９２７年に宇宙膨張の証拠を発見していることが２０１１年に確認された。したがって、現在では宇宙膨張の真の発見者はルメートルであるとされている。

の膨張が発見されたことには驚嘆する。

視線速度は銀河の分光（スペクトル）観測をすると得られる。たとえば、銀河の中のガスがある波長でスペクトル線（輝線）を放射しているとする。銀河の中での静止波長をλ_0とし、観測された波長をλ_1とすると

$$\lambda_1 - \lambda_0 = \varDelta\lambda$$

だけ波長がずれることになる。$\varDelta\lambda$が正であれば波長は長い方（赤い方）にずれるので赤方偏移と呼ばれる。逆に負であれば青い方にずれるので青方偏移と呼ばれる。銀河の視線速度をvとすると、ドップラー効果の公式から

$$\frac{\varDelta\lambda}{\lambda_0} = \frac{v}{c}$$

となる［図3-8］。ここでcは光速である。この関係から視線速度は

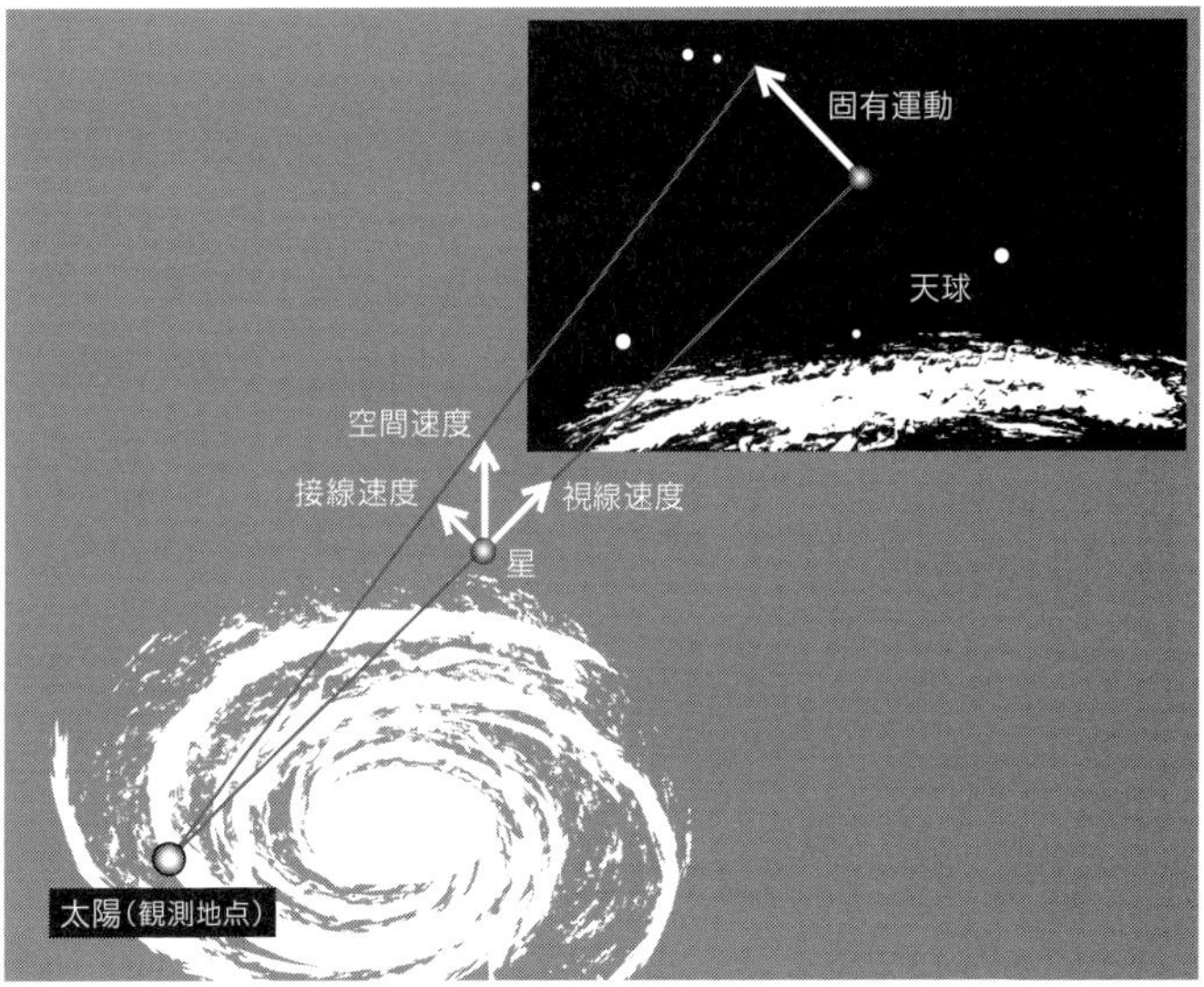

図3-8｜銀河の相対速度の概念図(この図では「星」になっている)。銀河の運動速度は①宇宙膨張による速度と②ランダムな運動速度の和になっている。ランダムな運動速度は周辺にある銀河や銀河団の重力の影響で生じるが，その速度は数百km/sの程度である。一般には宇宙膨張による速度の方が大きいが，銀河系の近くにある銀河ではランダムな速度と同程度になる場合がある。その場合はハッブルの法則が適用できない。接線速度は天球面内に沿う速度成分だが，その測定は難しい。なぜなら、銀河が天球面内でどのように運動して行くか(固有運動と呼ばれる)を，長い期間にわたってモニター観測をしなければならないからである(http://www2.jasmine-galaxy.org/press/glossary.html)

$$v = c\frac{\Delta\lambda}{\lambda_0}$$

で与えられる。水素原子が放射するバルマー線で最も強い輝線はHα線で、静止波長は656.3nm（ナノメートル）である。もし、この輝線が1nm長い波長で観測されると、この銀河の視線速度として次の値を得ることができる。

$$v = \frac{300000 \times 1}{656.3}$$
$$= 457\ \mathrm{km/s}$$

このように、視線速度は分光観測を行えば、簡単に測定することができる。一方、銀河の距離は第1章で述べたようにセファイド変光星の観測から決めることができる。

ハッブルは近くの銀河の距離と視線速度を測定して、ある規則があることに気がついた。

遠い銀河ほど、大きな速度で遠ざかるように観測される

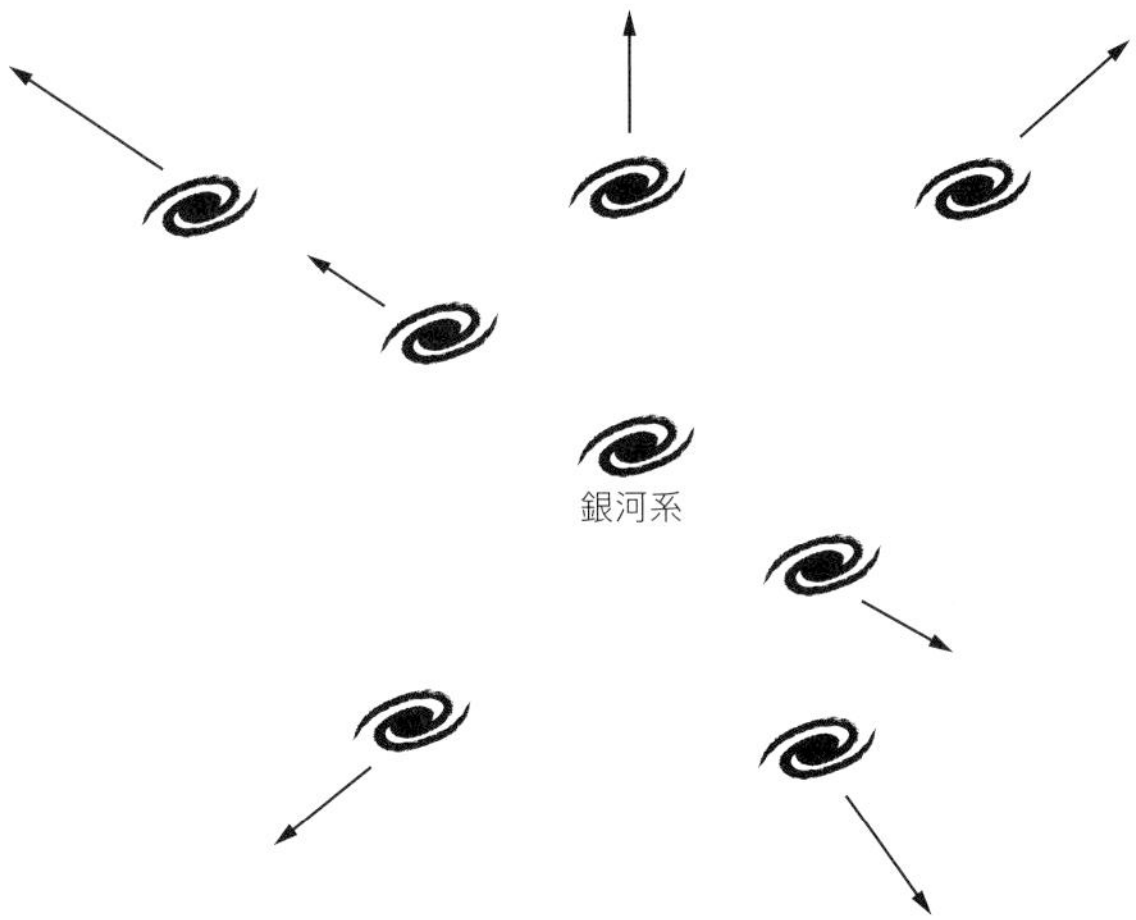

図3-9｜ハッブルの法則の概念図。遠い銀河ほど速い速度で遠ざかる

これがハッブルの法則である［図3-9］。

ハッブルの法則を式で表してみよう。銀河までの距離をD、視線速度をvとする。遠い銀河ほど、速い速度で遠ざかるように観測されるということは、視線速度は距離に比例して速くなることを意味する。したがって、その比例定数をHとすると、ハッブルの法則は次のように表される。

$$v = HD$$

比例定数Hはハッブル定数と呼ばれる（一般には現在の値であることを示すために添字の0を付け、H_0で表されるが、ここでは単にHとしておこう）。

視線速度の単位はkm／sである。一方、距離の単位はMpc（メガパーセク）である。天体までの距離を表す単位としては、光年の方が馴染みがあるかもしれないが、天文学の研究では一般にパーセクという単位が使われている。ここで、光年とパーセクをまとめておこう（左のコラムを参照）。

ここでハッブルの法則に単位を付けて表すと次のようになる。

$$v\,(\mathrm{km/s}) = HD\,(\mathrm{Mpc})$$

したがって、ハッブル定数Hの単位は

km/s/Mpc

コラム　天体までの距離を測る単位

1光年は光が1年間に進む距離である。光の（真空中での）スピードは秒速29万9793キロメートルで，1年としてユリウス年＝365.25日を採用すると

1光年＝29万9793キロメートル／秒×365.25日

＝9.46兆メートル

となる。

天体までの距離を測る場合，天文学で一般に用いられる単位はパーセク（pc）である。これは，三角測量を応用した距離の単位で，図3-10のように年周視差 P を用いる。P は観測する恒星から太陽と地球を見込む角度である。恒星と太陽および地球までの距離をそれぞれ d と a とすると，

$\tan P = a / d$

なので，

$d = a / \tan P$

を得る。

$P = 1$秒角（1／3600度）の場合

$d = 3 \times 10^{16}$ m $= 3.26$光年

になる。これを1パーセク（pc）と定義したのである。

この距離の単位は地球に住む人類だから定義できたものだ。なぜなら，地球と太陽の距離が基本になっているからだ。

銀河は一般に遠くにあるので，銀河までの距離は100万倍を意味するM（メガ）をつけてMpcで表されることが多い。そのため，ハッブルの法則の D の単位もMpc（326万光年）になっている。

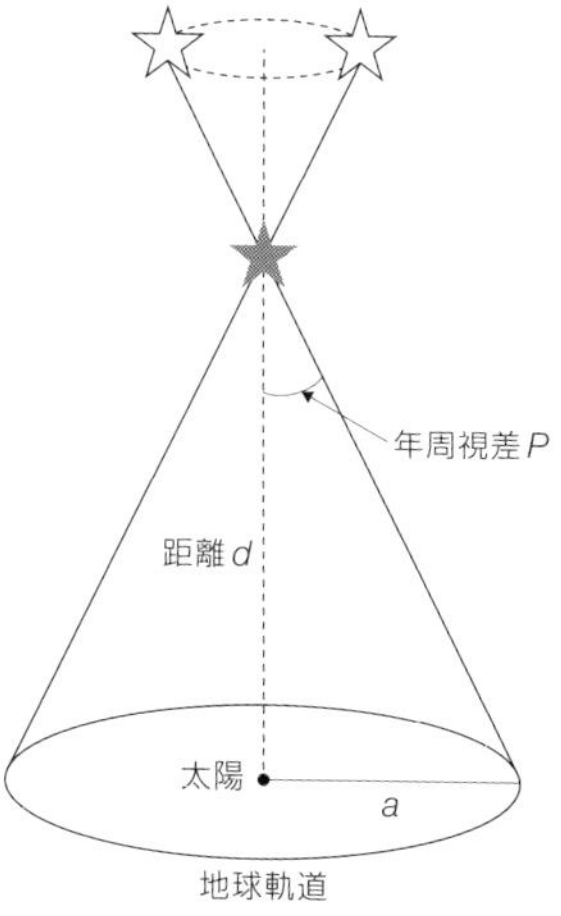

図3-10｜年周視差 P を用いて天体までの距離を測定する原理

となる。[*18] ちなみに現在得られているハッブル定数の値は

$$H = 70\,\mathrm{km/s/Mpc}$$

である。ハッブル定数は宇宙の膨張率そのものなので、この値は次のことを意味する。

「宇宙の膨張率は1Mpc(326万光年)あたり70km/sである」

ここで銀河系とアンドロメダ銀河の関係を見てみよう。両者の距離は250万光年なので、宇宙膨張の影響で両者は70km/s×(250/326)=54km/sの相対速度を持つはずである。もちろんプラスの値だ。しかし、アンドロメダ銀河の視線速度を測定すると、マイナス300km/sなのだ。つまり、遠ざかるのではなく、近づいてきているのだ。なぜか? それは両者の重力の影響が宇宙膨張の影響に勝っているため、両者は近づいてきているのである。そ

の結果、いずれは衝突し、合体していくだろう。

宇宙ではこのように重力の影響が宇宙膨張の影響に勝っていて銀河同士の衝突、合体が頻繁に起きていると考えて良い。銀河が集まっている場所、銀河群や銀河団はまさにそのような場所になっている。

アンドロメダ銀河、再び

まず、アンドロメダ銀河がどれくらい拡がっているか見ていただこう〔図3-11〕。図3-3で見た姿は、中央部に示されている。なんと、怪しげな淡い構造が、その数倍ものスケールで拡がっている。

アンドロメダ銀河の円盤も注意深く眺めると、わずかに歪んでいるように見える。一方、外側の淡い構造は、誰が見ても不規則で歪んでいる。これこそが、今までに経験してきた多数の小さな銀河の合体の痕跡なのだ。

＊18 ハッブル定数の単位をよく見てみると、（距離／時間）／距離なので、じつは時間の逆数の次元を持つ。したがって、ハッブル定数の逆数は宇宙の年齢の目安を与えることに気づく。詳細は拙著『暗黒宇宙の謎』（ブルーバックス）を参照されたい。

図3-11では周辺の淡い構造を強調して見せたが、アンドロメダ銀河本体の近くを調べてみると、さらに面白い構造が見えてくる［図3-12］。円盤本体から〝つらら〟のように伸びる構造で、アンドロメダ・ストリームと呼ばれている。まるで天の川銀河で見つかった〝いて座ストリーム〟のようだ。

アンドロメダ・ストリームの正体は、やはり衛星銀河の合体でできた構造であった。ストリームの形を再現したコンピューター・シミュレーションの結果を見ていただきたい［146ページの図3-13］。現在の姿[*19]は左下のパネル（e）である。その後、ストリームは雲散霧消してしまい、銀河を取り囲むハローのように姿を変えていくことがわかる。

合体してきた衛星銀河の質量は太陽質量の50億倍程度なので、かなり軽めの銀河である。しかし、それでも合体が起きれば、このような構造を生み出してしまうのだ。一見、端正に見えたアンドロメダ銀河にも、詳細に調べてみると、歴史が刻み込まれていることがわかる。

最後にアンドロメダ銀河をもっとディープに撮影した画像を示しておく［147ページの図3-14］。

いやはや、凄い。

＊19　現在の姿とはいえ、現在私たちが見た姿という意味である。アンドロメダ銀河は250万光年離れているので、現在見る姿は250万年前の姿であることに注意されたい。遠くを見るということは、過去を見るということなのだ。

図3-11｜スローン・ディジタル・スカイ・サーベイで発見されたアンドロメダ銀河の周りに広がる星々。左側の矢印で示された場所には星が集団で存在しているクランプと呼ばれる構造が見られる。角度のスケールを比較するために，右側には満月が示されている（口絵16，SDSS）

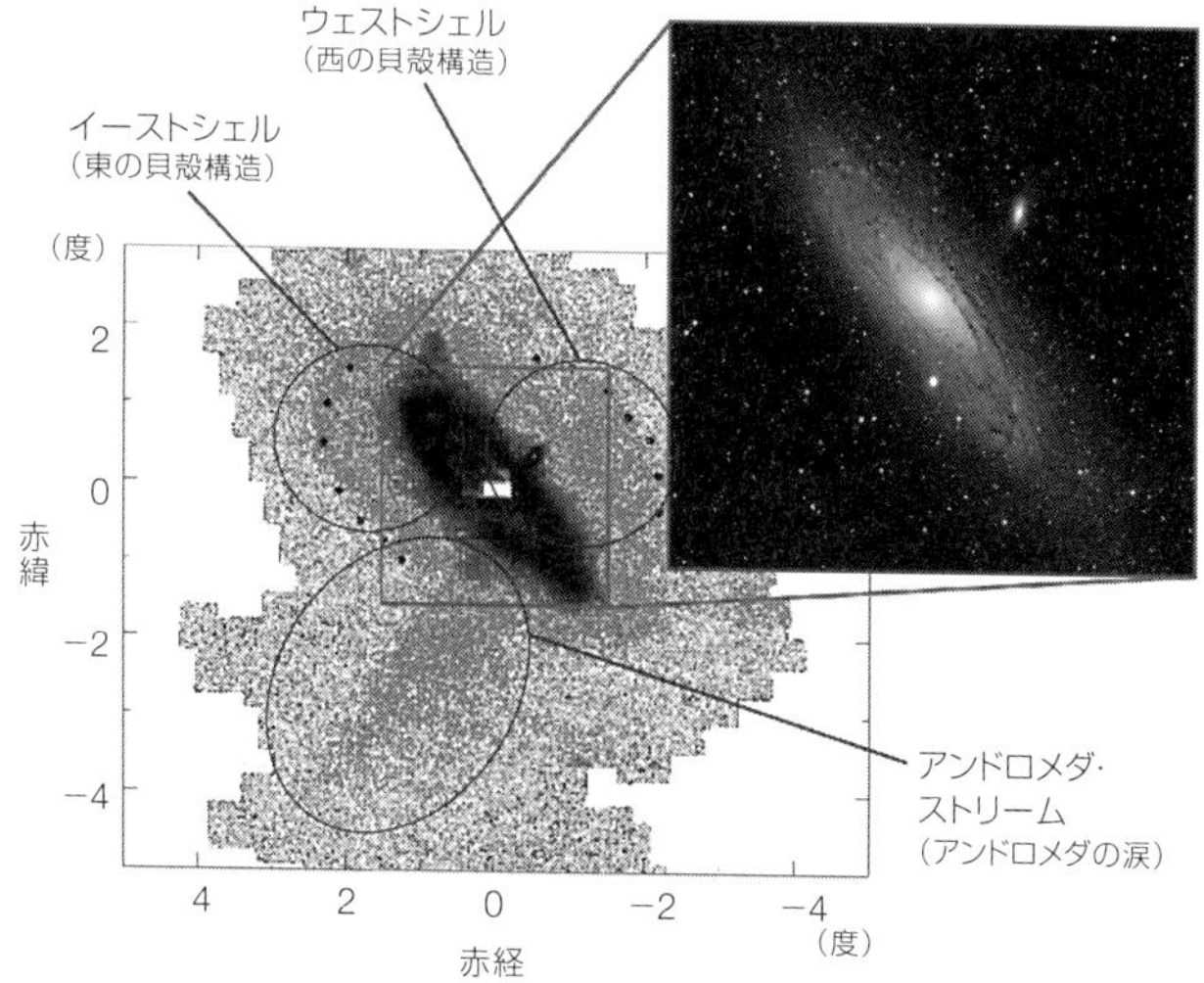

図3-12｜アンドロメダ銀河の南東側（左下側）に伸びるアンドロメダ・ストリーム（アンドロメダの涙）。全長は40万光年（口絵17，提供：筑波大学・森正夫）

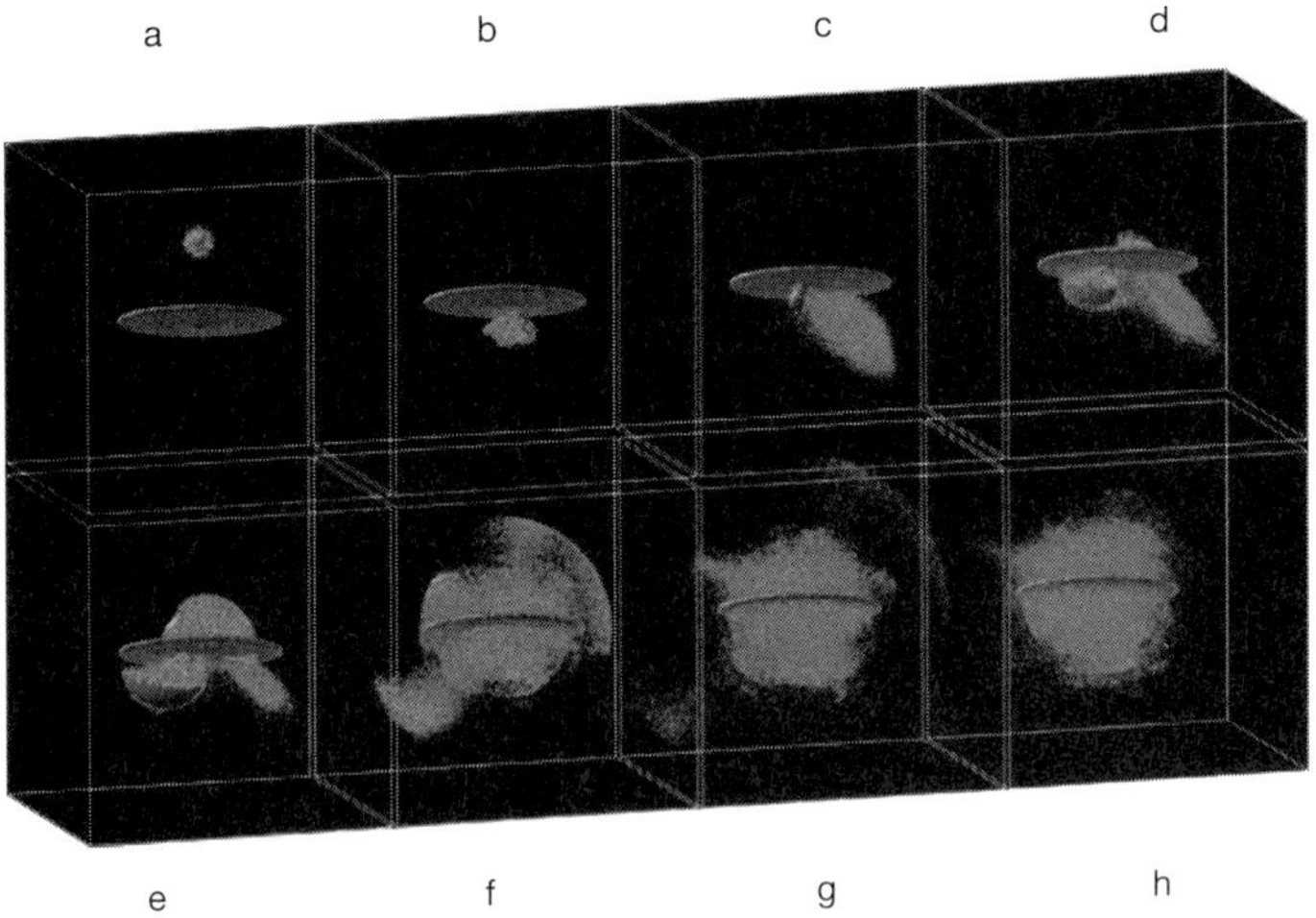

図3-13｜コンピューター・シミュレーションで再現されたアンドロメダ・ストリーム。アンドロメダ銀河に矮小銀河が合体していく様子。a 現在から10億年前，b 7.5億年前，c 5億年前，d 2.5億年前，e 現在のアンドロメダ（右下に伸びた構造がアンドロメダ・ストリーム），f 10億年後，g 20億年後，h 30億年後（口絵18，提供：筑波大学 森正夫）

図3-14｜アンドロメダ銀河の真の姿（**口絵19**, PAndAS Team）

アンドロメダ銀河との宿命

アンドロメダ銀河の動き

アンドロメダ銀河までの距離の測定には、最初はセファイドと呼ばれる変光星が使われた（第1章）。今ではさまざまな方法が使われており、２５０万光年であることがわかっている。

すでに述べたように、アンドロメダ銀河は銀河系に近づいてきている。その速度は秒速３００キロメートル。時速に直せば、１００万キロメートルである。途方もなく速いスピードだ。では、アンドロメダ銀河と天の川銀河の運命はどうなるだろう？ 二つの銀河はとてつもなく重い。太陽質量の１兆倍を超えている。これらの銀河が近づいている。未来予想図は二つの銀河の衝突だ。

ところで、アンドロメダ銀河が天の川銀河に向かって秒速３００キロメートルの速度で近づいてくるというだけで、正しい未来予想図を描くことができるだろうか？ じつは、できない。なぜなら、秒速３００キロメートルの速度というのは、視線に沿った速度でしかないからだ。

つまり、1次元の速度情報にすぎない。横方向（正しくは接線方向）の動きも知らないと、アンドロメダ銀河の真の運動を把握したことにならないのだ。横方向の動きというのは、天球面に沿った方向ということである。天球面は縦・横の2次元になる（方向は任意で構わないが2方向必要である）。問題はこれらの速度をどうやって測定すれば良いかということになる。

視線速度の測定は簡単だ。すでに説明したように、その天体のスペクトル観測（分光観測）をすればよい（図2-5の下図が銀河のスペクトルの例）。ある既知のスペクトル線（輝線でも吸収線でもよい）が、静止しているときの波長と比べて、どれだけ波長がずれているかを測定する。そのずれが、天体の運動速度を反映しているので、[20] 視線速度が求まる。

では、天球面に沿う方向の速度（接線速度）はどうしたら求まるだろうか？　そのためには、太陽系に近い星々の真の動きを探るために編み出された方法を使う。固有運動の測定である［図3-8］。たとえば、ある晩、星空を撮影する。ある期間をおいてもう一度、同じ方向の星空を撮影する。以前の画像と比較してみると、遠い星は同じ位置に写っているが、近くにある星は遠い星に比べて少しだけ動いていることに気づく。この動きが固有運動である。その動いた角度をμとする。その天体までの距離をdとすると、実際に動いた距離は

＊20　ドップラー効果と呼ばれる現象。

$$\tan\mu \times d$$

となる。

1年間にこの距離を動いたので、速度は

$$\tan\mu \times d／年$$

となる。

固有運動を求めるには二つの要素がある。

・遠方にあって、見かけ上、動かない位置の基準天体が必要
・固有運動はわずかなので、高い精度で位置測定できる望遠鏡が必要

この条件のもとで、アンドロメダ銀河の固有運動を測定することを考えてみよう。

アンドロメダ銀河までの距離は250万光年なので、それよりずっと遠方にある銀河は位置

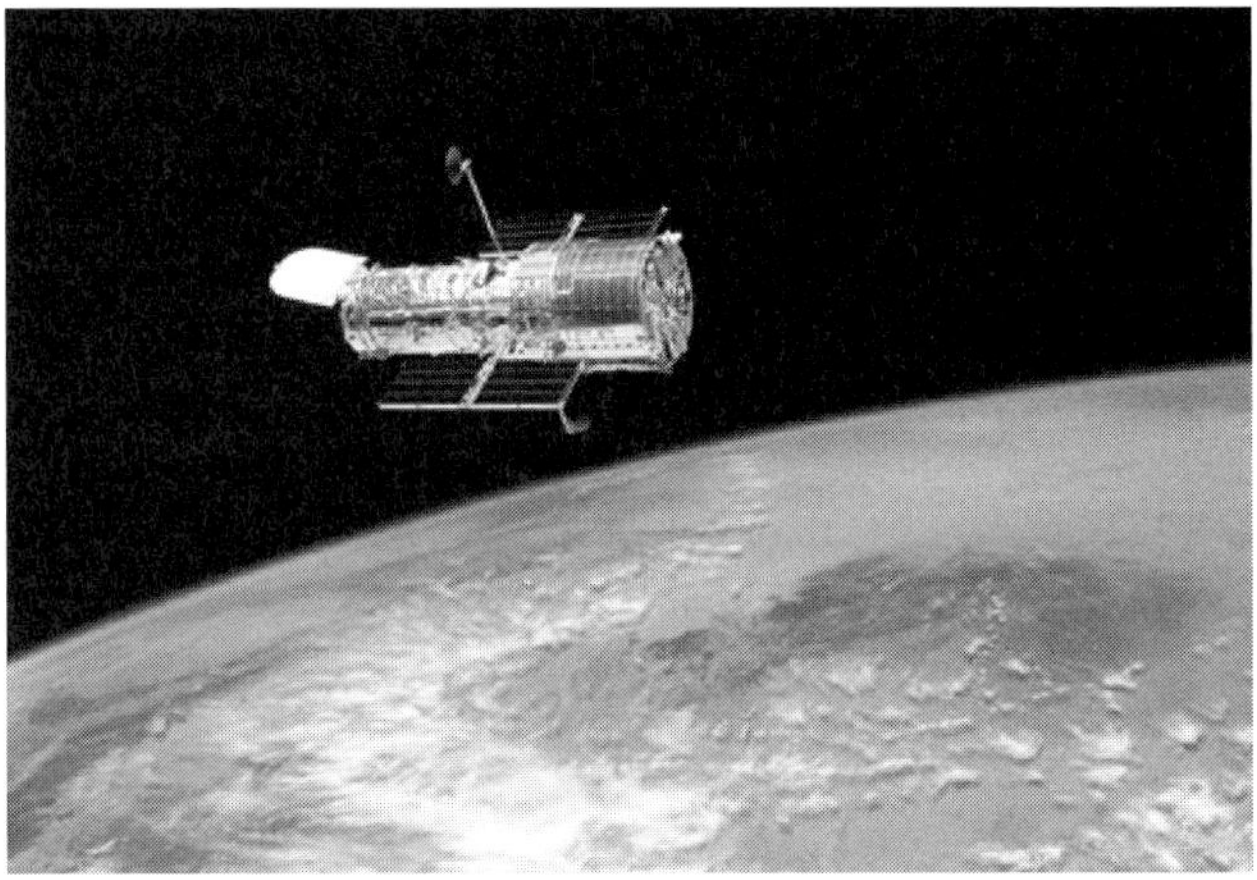

図3-15｜ハッブル宇宙望遠鏡（NASA）

の基準天体として使える。[*21] 問題は高い位置精度でアンドロメダ銀河の動きを測定できるかということだ。これを可能にしてくれる望遠鏡は地上にはない。唯一使えるのはハッブル宇宙望遠鏡である［図3-15］。

ハッブル宇宙望遠鏡は口径2・4メートルの反射望遠鏡である。口径だけなら地上の大型天文台に及ばないが、大気圏外を飛んでいる。そのため、大気の影響を受けないので、非常にシャープな画像を得ることができる。天体の位置もとても精度よく決めることができるのだ［図3-16］。

＊21 超大質量ブラックホールをエンジンとして輝く、クエーサーという天体は100億光年彼方の宇宙にあっても、明るいので観測できる。そのため、一般的に位置基準天体として使われている。

この観測で、アンドロメダ銀河の3次元速度が精密に求められた。それらの値を使って、アンドロメダ銀河と天の川銀河の運命をコンピューター・シミュレーションで精密に調べることができるようになったのだ。その結果、二つの銀河の運命が明らかになった。

アンドロメダ銀河との宿命

まず、二つの銀河がどのように衝突していくか、その概要を紹介しよう［154ページの図3-17］。二つの銀河は40億年後に最初の衝突を経験する。その際、M33もこの衝突に巻き込まれることがわかった。

最初の衝突の時期が近づいてくる頃、夜空にはアンドロメダ銀河が悠然と輝いて見えるだろう。図3-18は37.5億年後、つまり最初の衝突の2.5億年前の状況である。まるで、別の天の川がそこにあるようだ。アンドロメダ銀河を眺めるのに双眼鏡は必要ない。ただ、夜空を見上げればそこにある。

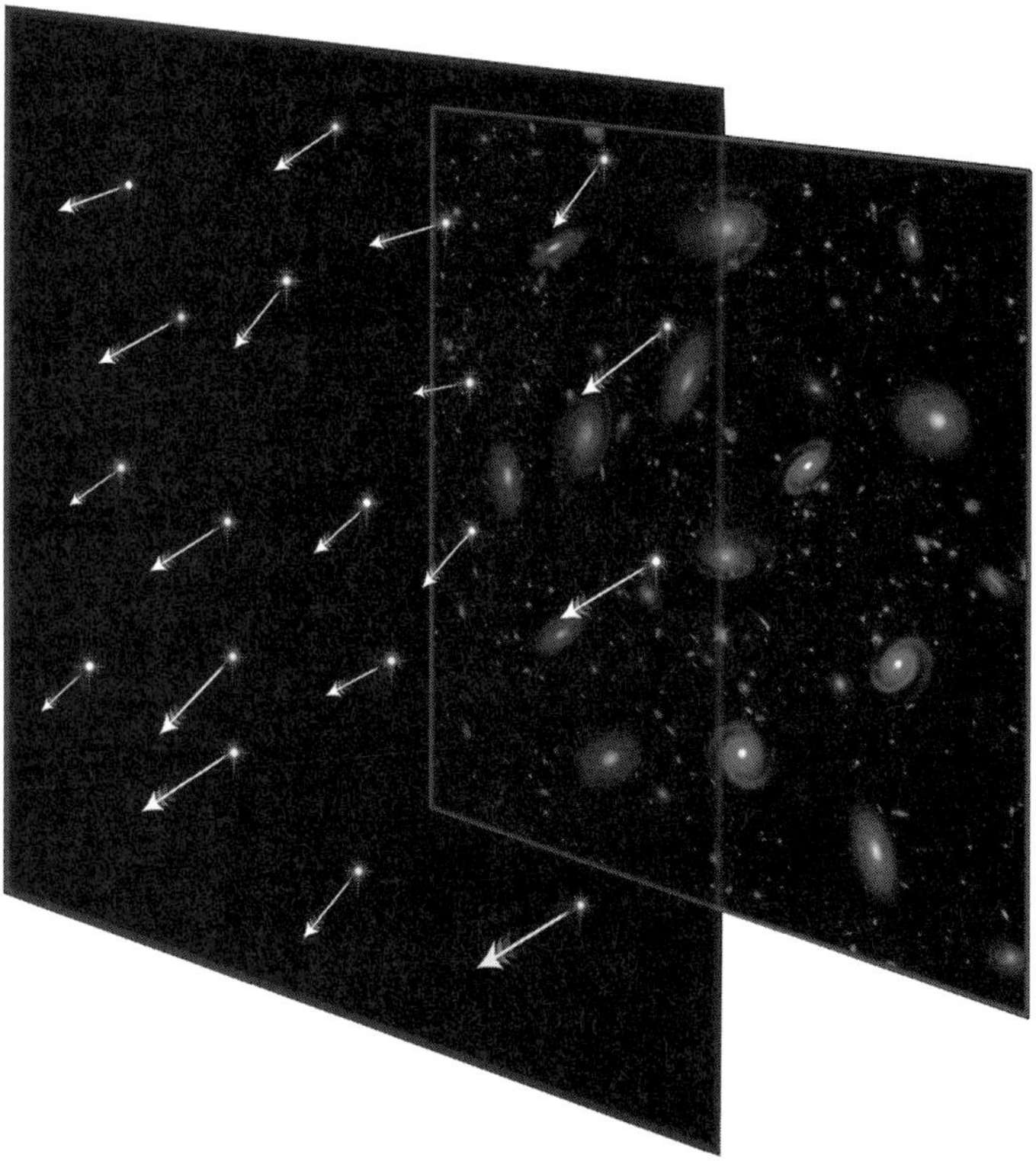

図3-16｜アンドロメダ銀河の星々の固有運動の測定。測定された星々の固有運動が矢印で示されている。多少のばらつきはあるが，背景にあzる遠方の銀河に対して，ほぼ同じ方向に星々が動いていることがわかる(NASA, ESA, and A. Feild and R. van der Marel(STScI))

図3-17｜二つの銀河の衝突(NASA, ESA, and A.Feild and R.van der Marel(STScI))

図3-18｜今から37.5億年後の夜空に見えるアンドロメダ銀河と天の川(NASA, ESA, Z. Levay and R. van der Marel(STScI), T. Hallas, and A. Mellinger)

天の川の消える日

40億年後に最初の衝突をするわけだが、そのとき一挙に一つの銀河になるわけではない。いったん、お互いにすり抜けてしまうが、強い重力のおかげで再び衝突する。もう一回すり抜けるが、3回目の衝突で二つの銀河は一つの巨大な銀河に姿を変えていく。これらの衝突の過程で、二つの銀河の円盤は壊れ、球のような形をした銀河になる。ハッブルの銀河分類でいうと楕円銀河だ。

70億年後には、合体の痕跡もあらかた消えてしまう。そのため、夜空を眺めると、ただぼうっと星々が輝いて見えるだけになってしまう［図3-19］。70億年後には太陽はすでに死んでいるが、仮にあったとすれば合体した銀河のどの辺りにいることになるのだろう。合体の過程で太陽の位置がどのように変化していくかを図3-20に示した。巨大な銀河の端の方にいることがわかるだろう。そのため、図3-19のような夜空が見えてしまうのだ。

いずれにしても、今から70億年後には私たちは楕円銀河の住人になっている。もちろん、生きていればの話だが。

第1章で紹介したオリオン星雲などの美しい星雲はすべて消えている。なぜならオリオン星雲は星雲の中にある大質量星がガスを電離しているので輝いている。しかし、大質量星の寿命は数千万年しかない。つまり、数千万年後にはオリオン星雲はもう輝いていない。そのほかの大多数の星雲も、数億年から数十億年後にはエネルギー源を失うので、星雲としての姿は消えている。夜空を望遠鏡で詳しく眺めても、星々があるだけだ。なんとも退屈な夜空になってしまうのだ。

少なくともこれだけは言える。天体を眺めるなら今のうちだ。さあ、双眼鏡や望遠鏡を買いに行こう。

最後にまとめておこう。アンドロメダ銀河と天の川銀河の衝突過程を、順を追って示したのが図3-21である。

完全合体まで70億年。長い旅だが、銀河にとって長旅かどうかはわからない。彼らにとっては、普通の出来事なのかもしれない。ただ、こうして、天の川銀河は消えていくのである。もちろん、同時にアンドロメダ銀河も消えていく。

宇宙にあるすべての天体に当てはまることがある。すでに述べたことだが、ここで繰り返しておこう。それは

図3-19｜今から70億年後に見える，天の川の消えた退屈な夜空（NASA, ESA, Z. Levay and R. van der Marel（STScI）, T. Hallas, and A. Mellinger）

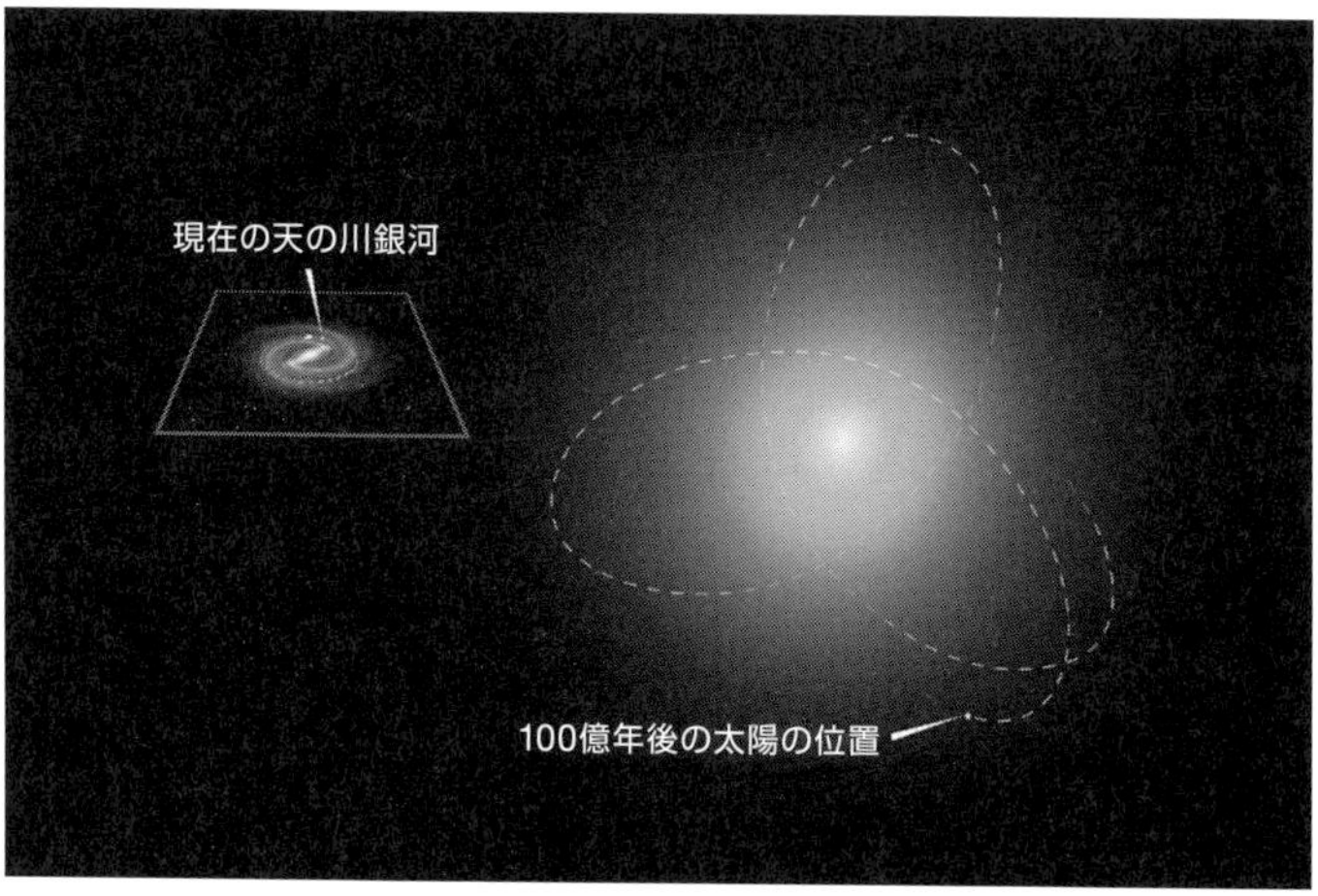

図3-20｜合体の過程で太陽の位置がどのように変化するかを示した図（破線）。矢印の位置は100億年後の位置。なお，現在の天の川銀河では，太陽は銀河の中心から約3万光年離れた場所にいる（左上の小さな図）（NASA, ESA, and A.Feild and R.van der Marel（STScI））

永遠という
言葉はない
ということだ。

c

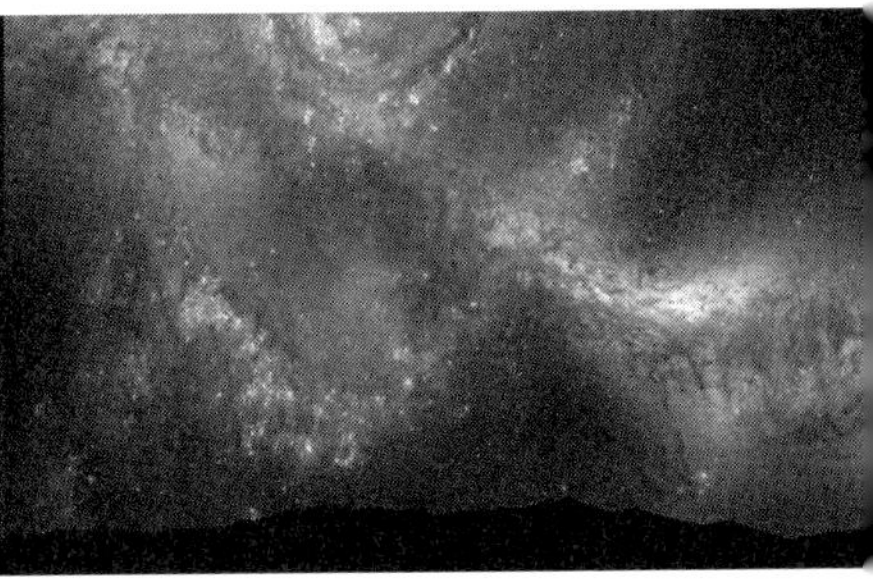

d

g

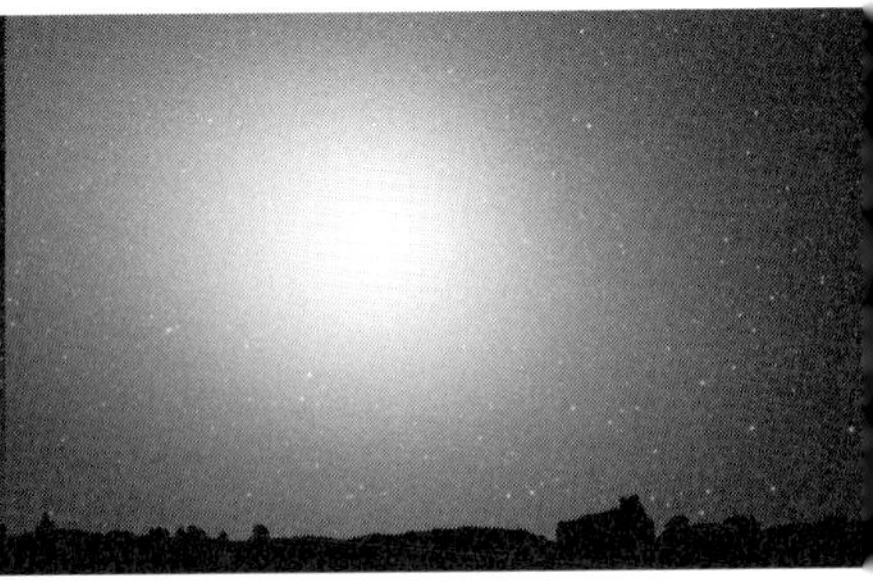

h

a　b

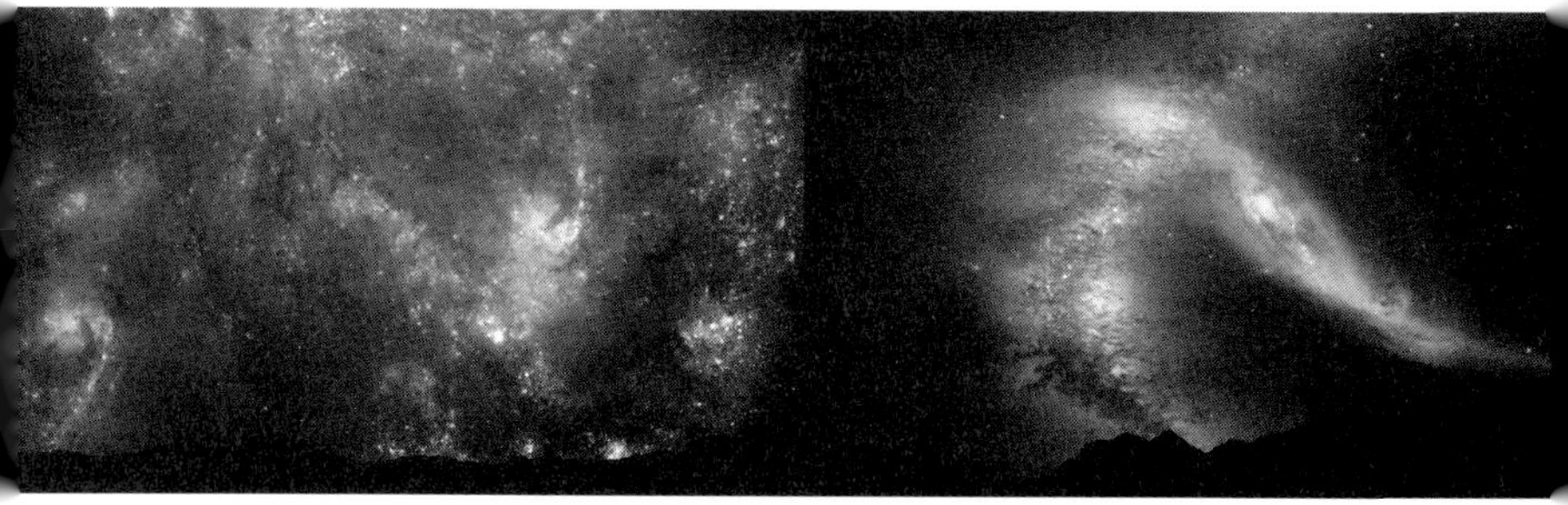

e　f

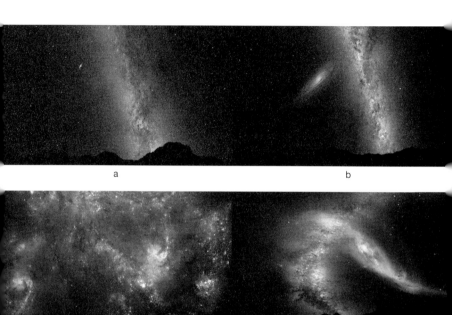

図3-21 | アンドロメダ銀河と天の川銀河の衝突過程を，順を追って示した図。a 現在，b 20億年後，c 37.5億年後，d 38.5億年後，e 39億年後，f 40億年後，g 51億年後，h 70億年後（口絵20，NASA, ESA, Z. Levay and R. van der Marel（STScI），T. Hallas, and A. Mellinger）

宇宙誕生のころ

宇宙の歴史

私たちの住んでいる宇宙は膨張しているという話をした。ということは、時計を逆回しすると、過去に遡るにつれて宇宙は縮んでいく。宇宙はどんどん小さくなり、点のような状況になる。これは論理的に正しい。したがって、この宇宙はあるとき、点のような状況から生まれ、現在に至っていることになる［図3-22］。

この広大な宇宙が点のような状況から生まれたとは、想像もできない。しかも、点はまずい。すべての物理量が無限大に発散してしまうからだ。宇宙の誕生については、現在でも確たる定説はない。

一つのアイデアは〝無〟から宇宙が生まれたというものだ。〝無〟と聞くと、何もないと思う。それが私たちの常識だ。しかし、ここでいう〝無〟は、物理の世界の〝無〟であり、宇宙を作る能力を秘めた〝無〟である。〝無〟から宇宙が誕生したとき、その宇宙には時間と空間が生まれた。

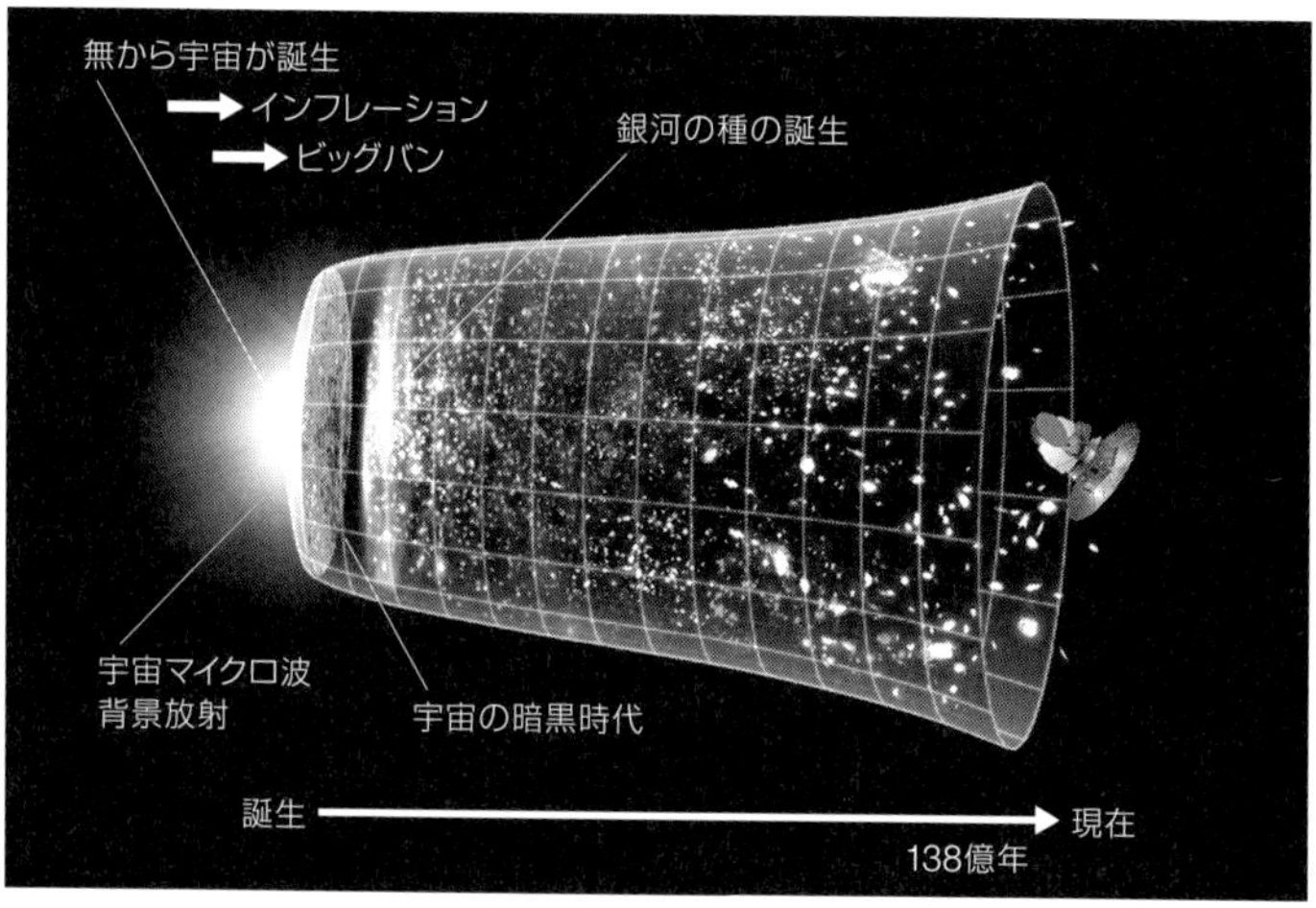

図3-22｜宇宙の誕生とこれまでの進化の様子（NASA/WMAP Science Team）

時が流れ出すと同時に、宇宙は状態を変えながら急激な膨張を経験する。インフレーションと呼ばれる現象である。インフレーションはあっという間に終わりを告げるが、[*22] 宇宙に膨大な熱を残す。宇宙は灼熱の火の玉になる。その熱エネルギーを使って、宇宙はさらに膨張を続ける。これがビッグバン・モデル（あるいはビッグバン宇宙論）と一般に呼ばれている宇宙誕生のモデルである。[*23]

「宇宙は大爆発で始まった。そして、その大爆発のおかげで宇宙は膨張している」――ビッグバン・モデルはこのように捉えられることが多いように感じる。ところが、右で述べ

＊22　宇宙誕生後、10^{-36}秒後に始まり、10^{-34}秒後に終わる。ちなみに、宇宙が誕生したときの大きさは10^{-44}cm程度である。

たようにそうではない。

①無からの宇宙誕生
②インフレーションによる急激な宇宙膨張
③その後に残された熱エネルギーで宇宙膨張が続く

こういう時系列になっている。厳密にいうと、一般に言われるビッグバンは第3番目の項目に相当している。そこで、ビッグバン・モデルの理解を深めるために、この時系列に沿って説明しよう。

まず、〝無からの宇宙誕生〟である。これほど意味不明なアイデアはないのではないかと思う。自分たちの住んでいる町を眺めても、これが無から生まれたとは思えない。自分自身もだ。では、宇宙が誕生する無とは何なのだろうか？　それは私たちが目にするマクロな世界とはほど遠い。そもそもビッグバン・モデルが提案された経緯は宇宙が膨張しているという観測事実であった。時計を逆回しにするとどうなるか？　宇宙はどんどん縮んでいく。最終的には点のように小さな領域に到達してしまう。しかも、そこにはいま宇宙にあるすべてが凝縮されてしまうことになる。温度も密度も想像を絶するほど高いはずだ。それにもまして問題なのは、あまりにも小さな世界であることだ。原子1個分も入る余地のない極微の世界。その世界では私たちの知っている物理法則は成り立たない。高校時代に習ったニュートン力学は残念ながら成立しない。その世界を支配するのは1920年代に台頭した量子力学（あるいは量子論）と呼ばれる理論である。

ここで、量子（quantum）とは物理量の最小単位を意味する言葉である。水素原子核であれば陽子と電子がその役割を果たす。陽子はじつは最小単位ではないが、とりあえず原子の世界を記述する学問体系が量子力学だと考えても、ここでは事足りるので先に進めることにしよう。

量子の世界では、私たちの常識は通用しない。まず、すべての物理量は正確に測定することができずに、ある確率でしか予想できないことである。もし私たちのいる部屋が原子のスケールになると、自分たちの位置や速度が正確にわからなくなるのだ。さらに時間もエネルギーも不明になる。時の流れが正確であるというのは、私たちの住む世界での盲信でしかない。つまり、世界はすべからく揺らいでいるのだ。位置、速度、時間、エネルギーなど、すべてが揺ら

＊23 （161ページ）熱エネルギーによる膨張モデルを1948年に提唱したジョージ・ガモフらは〝ファイアーボール・モデル（火の玉モデル）〟と名付けていた。宇宙は定常であるとするモデルを提唱していたフレッド・ホイルたちは、「大ぼらだ！（英語のスラングでビッグバンという）」とガモフらのモデルを批判した。それがなぜか定着して今でも〝ビッグバン・モデル〟と呼ばれることになった。

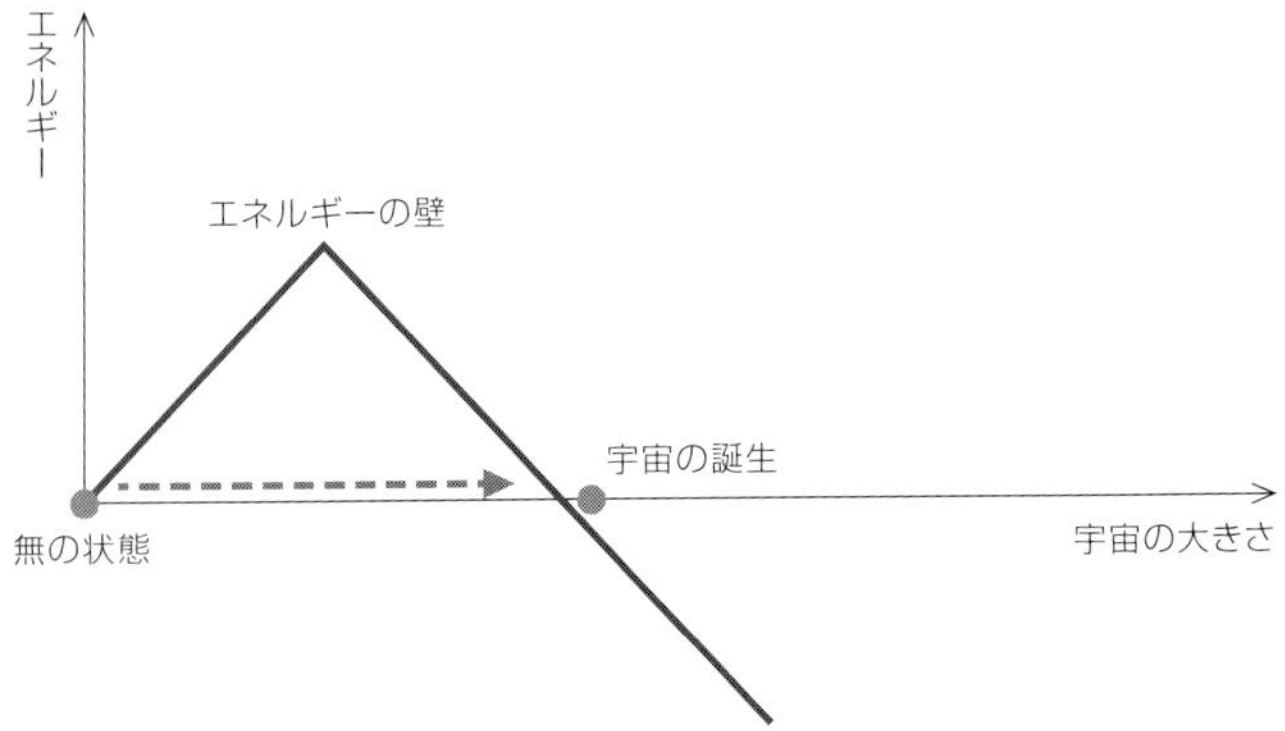

図3-23｜無から宇宙が誕生する様子。縦軸のエネルギーは位置エネルギー（ポテンシャル·エネルギー）を意味する。横軸は宇宙の大きさ。"無"の状態からエネルギーの壁（この図では，グレーで塗りつぶされた三角形の部分）を乗り越えて，有限の大きさを持つ宇宙が誕生する。その後，宇宙は位置エネルギーを食いつぶしながら大きくなって行く

いでいる。では、無の世界はどうだろう。もちろん、無の世界も例外ではない。

無は定義上、エネルギーゼロの状態であるが、常に揺らいでいる。ごくわずかに振動しているという方が、イメージとしては近い。そのため、ある確率で宇宙は有限の大きさを持ちうる。このとき、〝無〟は図3-23で破線の矢印のように右に移動し、有限の大きさを持つことになる。その際、エネルギーの壁（図3-23のグレーで塗られた三角形の部分）を乗り越える必要がある。〝無〟は〝無〟なのに、どうやってこのエネルギーの壁を乗り越えて行くのだろうか？ キツネにつままれたような話だが、ミクロの世界ではこのようなことが起こりうる。

その理由は〝量子トンネル〟効果があるた

めである［167ページの図3-24］。日常の世界では、ボールを壁に向かって投げると、ボールは壁にぶつかり跳ね返ってくるだけで、壁をすり抜けることはない［図3-24上図］。ところがミクロの世界では、粒子の物理量は揺らいでいるため、ある確率で壁をすり抜けることができる。これが量子トンネル効果である［図3-24下図］。このおかげで、〝無〟は有限の大きさを持つ宇宙に変貌を遂げることができるのだ。

無から生まれた宇宙では時が流れ出し、空間もある。空間にまだ物はないが、なにがしかのエネルギーはある。言葉を変えて言えば、有限のエネルギーを持つ真空があることになる。こうして生まれた宇宙（真空）は、そのエネルギーを利用して急激な膨張を始める。これがインフレーションと呼ばれる現象である。

この膨張は宇宙の状態を変えながら進行して行く。これは物理の世界では〝相転移〟と呼ばれる現象である。身近な例でいうと、水は零度になると氷に姿を変える。つまり、液体（液相）から固体（固相）に変化したことになる。これが相転移である。エネルギーを持つ真空でもこれと同じ現象が起こる。ところで、水が氷になるとき、潜熱と呼ばれる熱が出る。水が持っていたエネルギーが解放されるためだ。じつは、インフレーションが終わったときも相転移を起こしているが、この相転移のときに解放される潜熱が宇宙に膨大な熱エネルギーとして残り、それがさらなる宇宙膨張、いわゆるビッグバンを引き起こしたのである。

その後も、宇宙は膨張するにつれて温度が下がっていく。そして、宇宙年齢が37万歳の頃、宇宙に大きな変化が訪れる。それまでは、温度が高くガスは電離していた。水素原子は陽子と電子からなるが、電離しているということは陽子と電子にわかれて存在しているということだ。宇宙年齢が37万歳の頃、宇宙の温度は３０００Ｋまで冷え、陽子と電子は結合し水素原子になる。それまで、光は電離ガスに散乱されて宇宙の中を進むことはできなかった。しかし、水素原子になると散乱はおさまるので、光は宇宙の中を自由に伝播することができる。宇宙の温度は３０００Ｋなので、宇宙は３０００Ｋの熱放射を出している。私たちはこの熱放射を観測することができる。

　ただ、ここで注意することがある。私たちは現在という時代に、その当時の宇宙を眺めていることだ。現在の宇宙は宇宙年齢が37万歳の頃に比べて、１０００倍も大きくなっている。したがって、３０００Ｋの熱放射の波長は宇宙膨張のため、波長が１０００倍引き伸ばされて観測されることになる。波長が１０００倍伸びると、光のエネルギーは１０００分の１になり、温度も１０００分の１になる。つまり、私たちが観測できる熱放射の温度は３０００Ｋ／１０００＝３Ｋになる。この温度の熱放射はマイクロ波（電波）として観測される。これが宇宙マイクロ波背景放射である。この放射は１９６４年、アメリカのベル研究所の電波アンテナで、偶然に発見された。

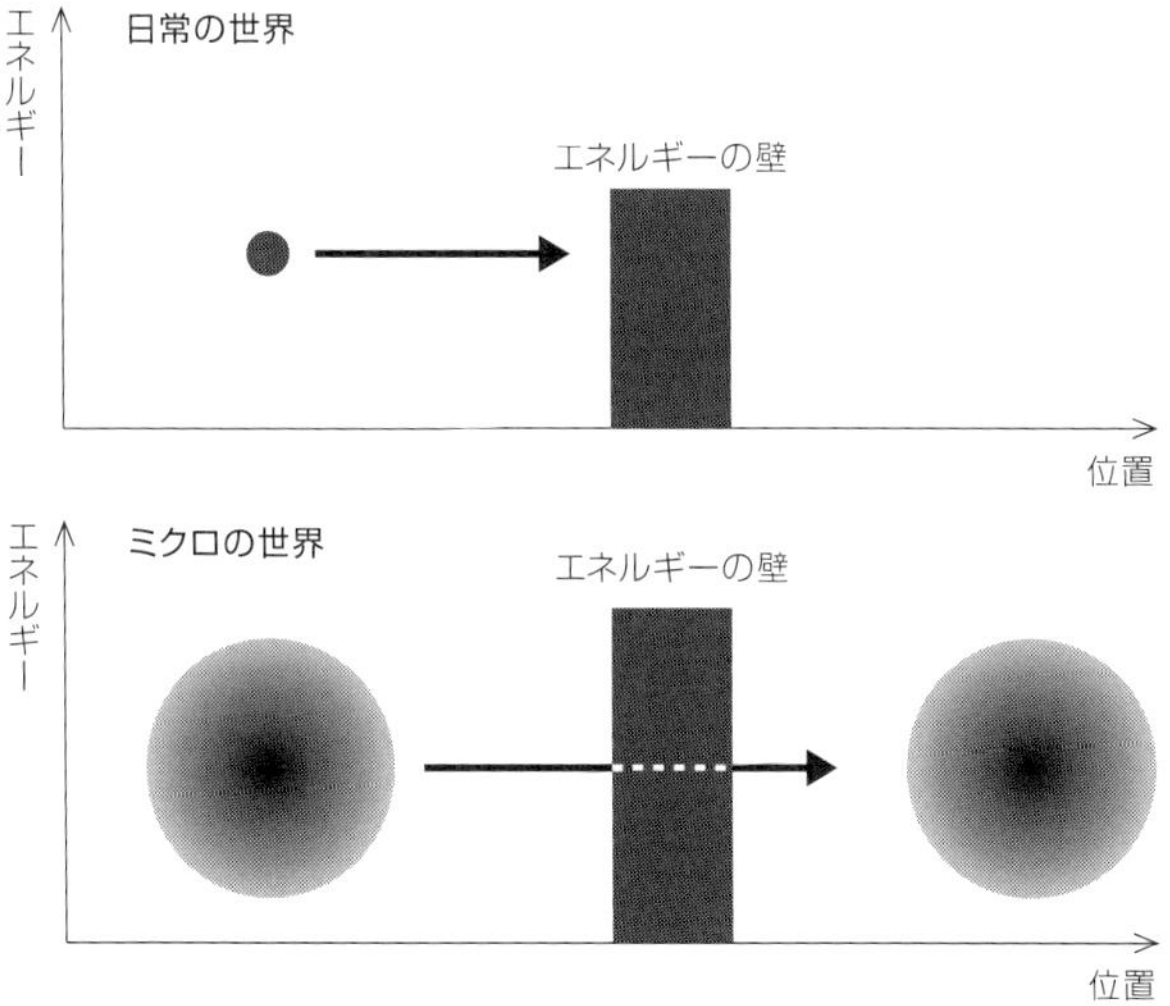

図3-24｜量子トンネル効果の概念図。[上]日常の世界ではボール(粒子)は壁に当たると跳ね返り，壁の向こう側に行くことはない。[下]しかし、ミクロの世界では粒子の持つ物理量は揺らいでいるので(図では明瞭な境界があるように描かれているが，実際には明瞭な境界はない)，ある確率で壁をすり抜けて行くことができる。これを量子トンネル効果と呼ぶ

ガモフたちはファイアーボール・モデルでこの放射を予測していた。「温度は5Kだろう」と。少し値は違うが、お見事としかいいようがない。この宇宙マイクロ波背景放射はまさに彼らのモデルの観測証拠となったのだ。正しい理論は観測可能な予言を与える。そして、後世の人たちが観測して実証する。まさに、科学研究の醍醐味だ。

宇宙はその後も膨張を続け、温度は下がり続ける。そしてようやく星の故郷である冷たい分子ガス雲ができ、星が生まれ始める。初代星。宇宙の一番星だ。宇宙年齢が2億歳の頃のことだ。それまでは宇宙には星がないので、闇に包まれている。そのため、宇宙最初の2億年は〝宇宙の暗黒時代〟と呼ばれている。

今のところ、宇宙の一番星は見えていない。現時点で人類が発見した最も遠い銀河は、ハッブル宇宙望遠鏡が見つけたGN-z11。134億光年彼方にある銀河だ［図3-25］。

134億光年彼方はかなり遠いが、宇宙年齢でいうと4億歳の頃である。初代星が生まれたであろう、2億歳の頃にはまだ到達できていない。本当に初代星は2億歳の頃に生まれたのだろうか？　最近、意外な形でその証拠が見つかった。それは可視光や赤外線の観測ではなく、電波による観測でもたらされた。

初代星が生まれると、周辺の水素原子ガスに影響を与える。水素原子の励起状態を変えてしまうのである（水素原子は陽子と電子が1個ずつからできているが、電子がどのエネルギー状態にいるかで

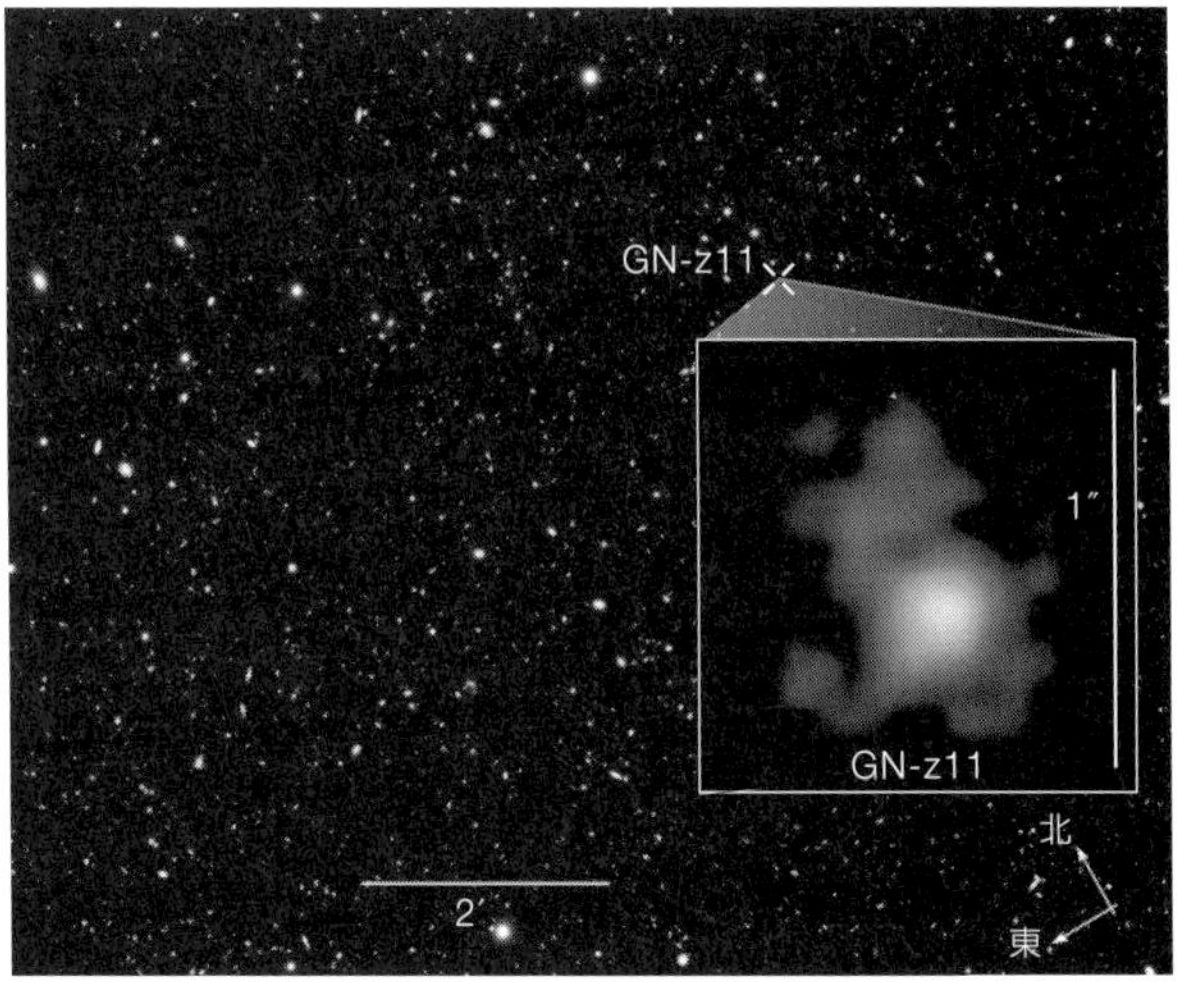

図3-25｜おおぐま座の方向で見つかった134億光年彼方の銀河GN-z11（中央右側にクローズアップされている）（口絵21, http://hubblesite.org/image/3708/category/43-candels）

性質が変わる。初代星からエネルギーをもらうと水素原子はエネルギーの高い励起状態に遷移する)。水素原子は波長21cmの電波を強く放射するが。その放射はビッグバンの名残である電波(宇宙マイクロ波背景放射)と相互作用する。したがって、初代星の影響で水素原子のエネルギー状態が変わるとマイクロ波の放射にも変化が出てくる。その兆候を捉えることに成功したのだ。その観測データから初代星が生まれたタイミングは宇宙年齢が1.8億歳であることを示している[図3-26]。理論的な予測と良くあっているのだ。

ところで、初代星が生まれた分子ガス雲を含むシステム(銀河の種)のサイズは、今の銀河の百分の一から千分の一程度でしかない。その後、多数の銀河の種が合体していく。現在の宇宙年齢は138億歳。この長い時間をかけて、ようやく私たちの住むような巨大な銀河に育ってきたのである。

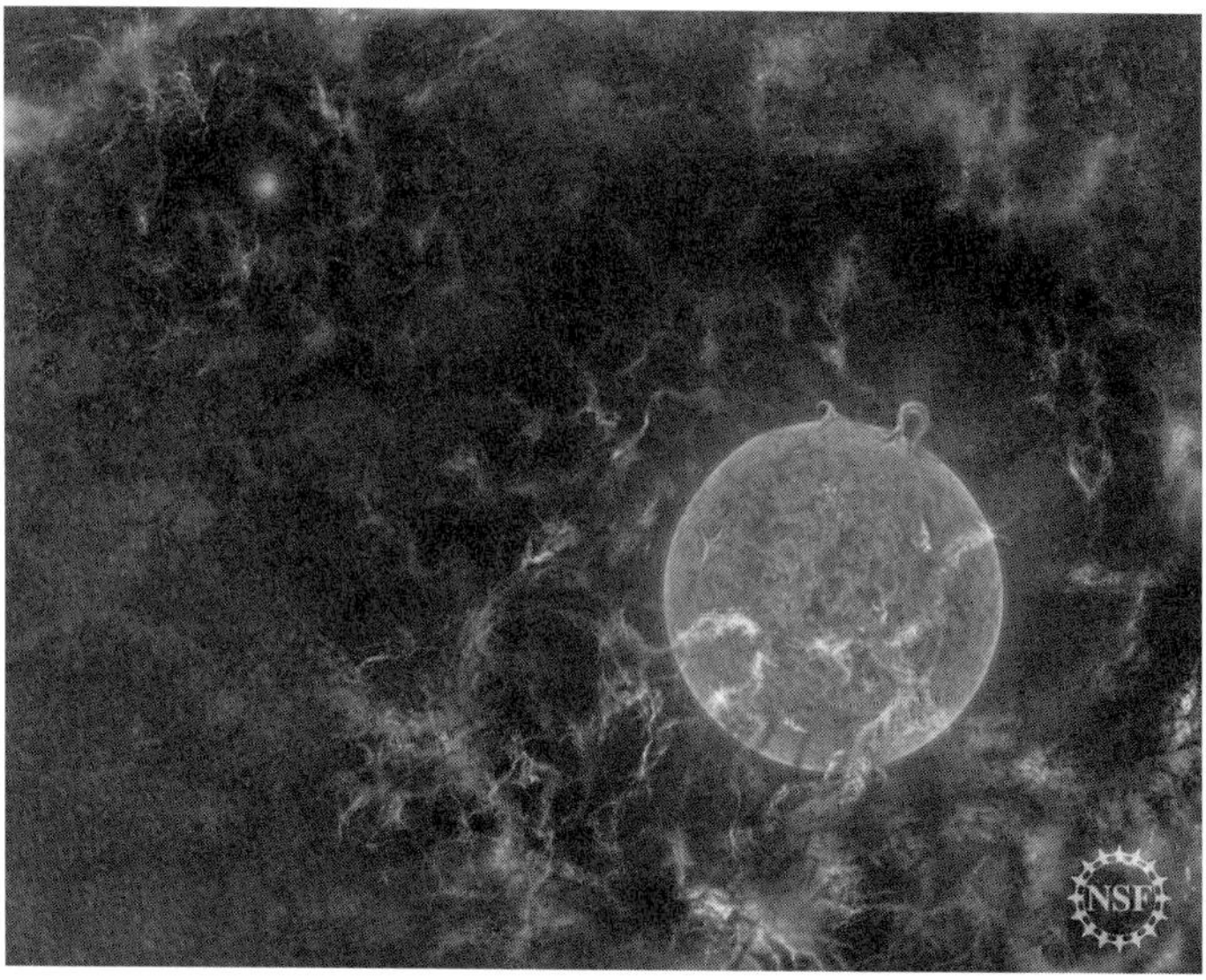

図3-26｜初代星が誕生する想像図(http://natgeo.nikkeibp.co.jp/atcl/news/18/030200097/?SS=imgview&FD=-787263934)

宇宙の行く末

私たちは１３８億歳の宇宙に住んでいる。このあと、宇宙はどのように進化していくのだろうか？　最後に、宇宙の未来予想図を紹介することにしよう。

宇宙の未来予想図は大きく分けて以下の４通りになる。

・ビッグ・フリーズ
・ビッグ・リップ
・ビッグ・クランチ
・サイクリック宇宙

それぞれ、簡単に説明しよう。

ビッグ・フリーズ：フリーズ（freeze）は凍りつくという意味である。冷蔵庫に付いている冷凍室はフリーザーということからも想像がつくだろう。現在、宇宙は暗黒エネルギーのおかげで加速膨張フェーズにいることは先にも述べた。このまま膨張が続いていけば、宇宙はどんどん冷えていくことになる。最終的には絶対0度（マイナス273℃）に近づいていく。まさに、ビッグ・フリーズを迎える。ビッグ・リップ、ビッグ・クランチとともに〝ビッグ〟という形容詞が付いているが、これは宇宙全体の大きなものの運命を象徴するために付いている。

ビッグ・リップ：リップは唇（lip）のことではない。エルではなくアールの方のリップ（rip）で、強く引き裂かれることを意味する。暗黒エネルギーがある状態をとると、宇宙膨張が急速に進行し、数千億年後には宇宙全体の膨張速度が光速を超えてしまう。このとき、宇宙は原子レベルまで引き裂かれ、宇宙は破壊され死に至る。最悪の未来予想図だ。

ビッグ・クランチ：クランチ（crunch）は潰れることを意味する。現在、宇宙は膨張しているが、膨張を止めるほど宇宙の中に物質があると、重力の働きで膨張にブレーキがかかる。その場合、膨張はいずれ止まり、そして宇宙は収縮に転じていく。最終的には、宇宙はまた一つの点のような小さな領域に集まる。これを、ビッグ・クランチという［図3-27］。

サイクリック宇宙論：ビッグ・クランチの後、宇宙はどうなるのだろう？ また、ビッグバンのような出来事が起きて、宇宙は膨張に転じる可能性がある。つまり、膨張⇩収縮⇩膨張⇩収縮というように、いつまでも振動するかのように宇宙が続いていく可能性がある。これをサイクリック宇宙モデルと呼ぶ。

私たちは暗黒エネルギーの正体を未だに知らない。暗黒エネルギーが今の性質を保つのであれば、宇宙は果てしなく膨張を続けるしかない。そのため、可能性の高いのはビッグ・フリーズとビッグ・リップだろう。もし、暗黒エネルギーが気まぐれを起こし、質量を持つ物質に変化したとすると、ビッグ・クランチやサイクリック宇宙が実現するかもしれない。

不確定要素はあるが、以下ではビッグ・フリーズのシナリオにしたがって、宇宙の未来予想図を見ていくことにしよう。

50億年後の宇宙

宇宙の話になると、数字がどうしても天文学的になる。もし、5年後の宇宙と聞くと、大いに関心が出てくるだろう。なにしろ、5年後ならすぐ先のことだ。ところが、宇宙の未来予想図の話になると、5年後は意味をなさない。ほぼ何も変わっていないからである。とい

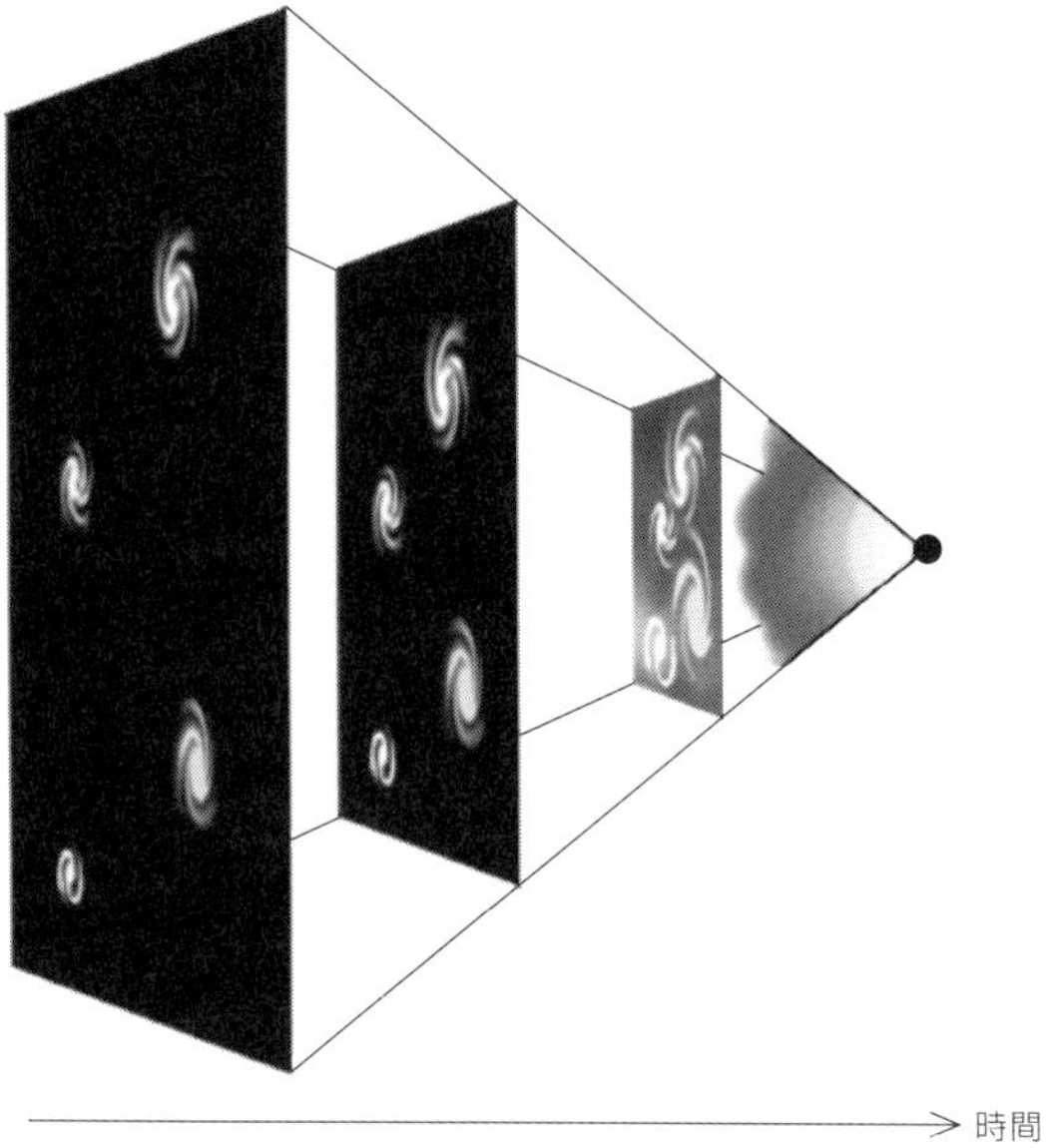

図3-27 | ビッグ・クランチの概念図。時間軸を逆にすると(図では左向きの矢印にすると)ビッグバンからの宇宙の進化に見えるため，その逆過程と思われるかもしれない。しかし，それは違う。ビッグバンからの進化は図3-22にあるように，まずは宇宙の一番星を作るような小さな銀河の種から出発し，それらが合体して大きな銀河に成長して行く。しかし，ビッグ・クランチでは大きく育った銀河が宇宙の収縮とともに合体して小さな宇宙に閉じ込められていく(https://commons.wikimedia.org/wiki/File:Big_crunch.png)

図3-28｜50億年後，太陽は赤色巨星に進化し地球も飲み込まれてゆく（口絵22，https://commons.wikimedia.org/wiki/File:Red_Giant_Earth.jpg）

うことで、50億年後の宇宙を見てみよう。

まず、太陽が死ぬ。第1章で紹介したように太陽のような星のエネルギー源は熱核融合である。水素原子核（陽子）をヘリウム原子核に熱核融合してエネルギーを出している。しかし、熱核融合は永遠には続かない。水素原子核が枯渇すれば止まるからだ。太陽程度の質量の星の寿命は100億年である。現在、太陽の年齢は約50億歳なので、熱核融合が続くのはあと50億年ということになる。太陽は外層部が拡がり、赤色巨星へと進化していく。水星や金星は太陽の外層部に飲み込まれ、地球もその運命をたどる［図3-28］。太陽の死は、地球の死を意味する。

50億年後に起こる、もう一つの一大イベントは本書のタイトルでもある、天の川の消える日を迎えることである。天の川銀河はアンドロメダ銀河に40億年後に衝突し始めるため、50億年後にはもう天の川はその体をなしていない。70億年後には二つの銀河は完全に合体し、一つの巨大な銀河になっている。

50億年後はまだ先のことだが、太陽、地球、天の川の三点セットが消えた宇宙になる。なんだかさびしくなってくるが、致し方のないことだ。

1000億年後の宇宙

今度は1000億年後の宇宙である。50億年後からひとっ飛びという感じだ。

ビッグ・フリーズのシナリオでは、宇宙膨張は快調に続く。そのため、1000億年後には、隣の銀河が一つも見えない宇宙になっている。レッドアウトと呼ばれる現象である。つまり、隣の銀河の遠ざかっていくスピードが光速を超えてしまうのだ。ある銀河に住んでいる人から見れば、宇宙には自分たちの住んでいる銀河しか見えない。隣の銀河が見えなければ、宇宙全体の情報を得ることはできない。そもそも、この宇宙が膨張していることは、多数の銀河の観測からわかったことだ。

ビッグバン宇宙論の証拠である宇宙マイクロ波背景放射はどうだろう。現在観測すると3Kの熱放射として電波で観測できる。しかし、1000億年後には宇宙膨張の進行のため、波長はものすごく長い電波になり、また温度も絶対0度に近づいていく。そのため、まず観測されることはないだろう。

1000億年後の宇宙のある銀河で人類のような知的生命体がいたとしよう。彼らに宇宙の正体を見破ることができるだろうか? 宇宙を眺めても自分たちの住んでいる巨大な銀河しか見えない。隣の銀河が見えないので、宇宙が膨張していることもわからない。ビッグバンの観測的証拠である宇宙マイクロ波背景放射も観測できない。彼らには宇宙は静的なものであり、遥か悠久の過去から変わらず存在し、今後も何事も変化はないだろうと思うだろう。ビッグバン宇宙論を知ることもなく、まさに定常宇宙論を信奉するだろう。とにかく、宇宙に見えるのは自分たちの住んでいる銀河しかない。それは特別なものとして崇められるだろう。彼らはこう語るかもしれない。〝私たちは神である!〟

1000億年後には人類より遥かに高等な知的生命体が存在するかもしれない。しかし、宇宙を正しく理解できない時代に突入しているのである。私たちは宇宙年齢138億歳の今の時代に生きていて本当によかったのである。過去を調べ、宇宙の成り立ちを理解することができる。そして、未来予想図でさえも語ることができるからだ。

100兆年後の宇宙

100兆年後になると、銀河が体をなさなくなる。太陽はあと50億年後に死ぬが、太陽より軽い星は熱核融合の効率が低いので長生きができる。しかし、それでも、燃料切れが容赦なくやってくる。100兆年後にはすべての星が燃料切れを起こし死んでしまう。星の輝かない銀河になるということだ。物質はあるので、物質塊としては存在している。しかし、それを銀河として認識することはできないだろう。宇宙に銀河が見えない時代が、いずれやってくるということだ。

10^{34}年後の宇宙

10^{34}年後には原子が死ぬと考えられている。現在、人類が手にしている素粒子の大統一理論[*24]が正しければ、水素原子核である陽子は壊れる。陽子崩壊と呼ばれている現象だ。陽子は中性子などと〝重い粒子〟(バリオンと呼ばれる)に分類される。重い粒子の中で最も軽い陽子はそれ以上壊れることはなく安定していると思われていたが、大統一理論の枠組みでは壊れることが予想さ

＊24 自然界にある基本的な力は4種類ある。重力、電磁気力、原子核に関連する強い力と弱い力である。重力を除く三つの力を統一する理論を大統一理論と呼ぶ。

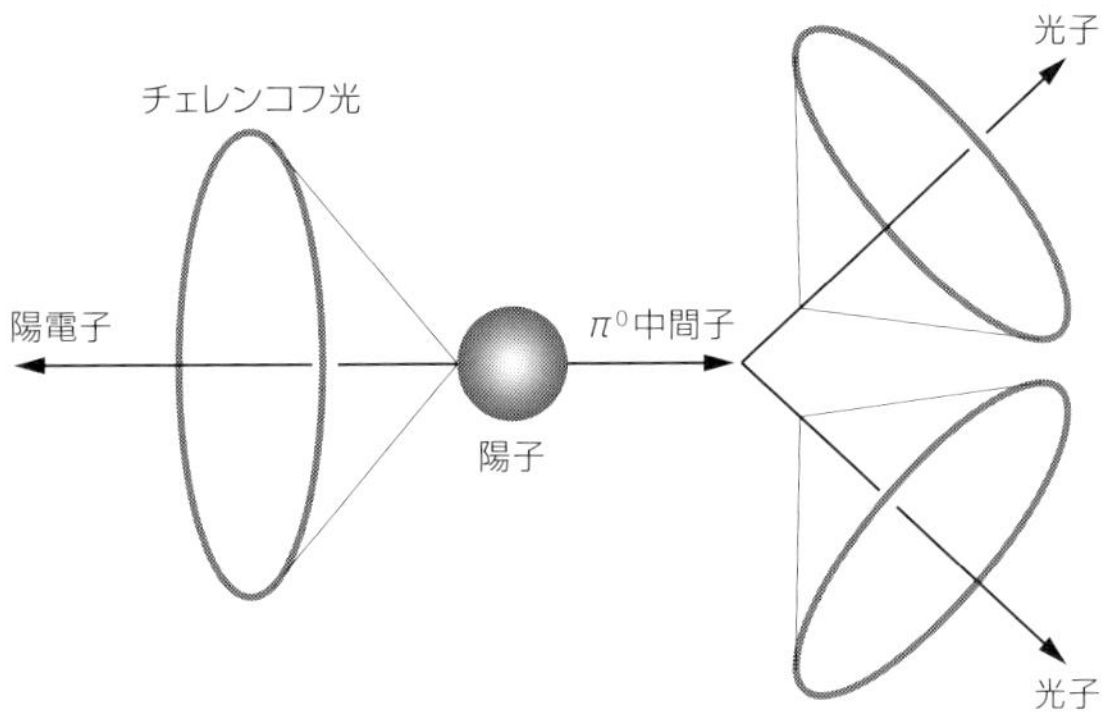

図3-29｜陽子崩壊の様子。陽子はπ^0中間子と陽電子になって壊れる。π^0中間子は直ちに2個の光子に壊れてゆく（http://www-sk.icrr.u-tokyo.ac.jp/sk/sk/pdecay.html）

れている［図3-29］。ただし、崩壊にかかる時間は極めて長く、それが10^{34}年という時間なのだ。

２００２年、小柴昌俊氏が「ニュートリノ天文学の創設」で、ノーベル物理学賞を授与されたことを覚えているだろうか？ 小柴氏のグループは陽子崩壊を捉えるため神岡鉱山の地下タンクに純水を貯めたカミオカンデと呼ばれる観測施設を作った。そこに飛び込んできたのが、大マゼラン雲で爆発した超新星からやってきたニュートリノだった。偶然の発見だったが、それがノーベル物理学賞につながった。

タンクに貯められた純水に含まれる陽子の個数は約10^{34}個である。崩壊にかかる時間は10^{34}年と極めて長いが、10^{34}個の陽子を観測すれば、１年に１個は崩壊する可能性がある。

それを見つけるための実験だ。カミオカンデはその後増強され、現在はスーパーカミオカンデという施設になっているが、いまだ陽子崩壊は観測されていない。今後の成果に期待したい。

しかし、この宇宙から原子が消えたらどうなるのだろう。私たちの身体は原子でできている。地球も太陽もだ。つまり、星も銀河も消えてゆくことを意味する。その宇宙に知的生命体がいるとは思えない。誰にも認識されず、宇宙だけがあることになる。

10^{100}年後の宇宙

最後は、切りの良いところで10^{100}年後の宇宙だ。暗黒エネルギーがそのまま活躍すれば、宇宙はまだ膨張を続けているはずだ。膨張するにつれ宇宙の温度は冷える。その頃にはほぼ絶対0度になっているだろう。そこは、崩壊しなかったものだけがひそやかに残る、極低温の墓場としか言いようがない。

ビッグ・フリーズ。私たちの宇宙はこの道を歩むのだろうか。まだ、暗黒エネルギーの正体を見極めていないのでなんとも言えない。

しかし、どの道を通っても明るい未来はないようだ。私たちの責務は、この宇宙を正しく理解し、次世代に叡智を紡いでいくことだけだ。良い時代に宇宙にいることに感謝しつつ、本書を終えることにしよう。

鏡Thirty Meter Telescope（TMT）計画に参加しています。完成するのは2020年代後半になりますが，ヨーロッパ南天天文台が計画しているヨーロッパ超大望遠鏡European Extremely Large Telescope（E-ELT、口径39 m）とともに新たな地平を切り開いてくれると期待されています。

また、遠方の宇宙探査で活躍するのは可視光・赤外線望遠鏡だけではありません。じつは，電波の世界では，すでに究極の望遠鏡が稼働し始め，成果を出し始めています。その望遠鏡の名前はALMA（アルマ），アタカマ大型ミリ波サブミリ波干渉計（Atacama Large Millimeter-Submillimeter Array）です。南米チリ共和国のアタカマ高地（標高5000 m）に設置された電波干渉計で，パラボラアンテナ66台（口径12 mが54台、口径7 mが12台）で構成されています。驚異的な高性能で，すでに130億光年より遠い銀河からやってくる電波輝線の検出に成功しています。可視光に比べると電波はチリ粒子による吸収の影響を受けにくいので，ALMAのような高い感度を持つ電波望遠鏡は有利になります。ALMAはJWSTやTMTなどの望遠鏡とともに，宇宙観測の新時代を築いてくれるでしょう。

ALMA（http://www.almaobservatory.org/wp-content/uploads/2017/04/20120105-Panoramica-AOS-02.jpg）

コラム　宇宙観測の新時代へ

宇宙観測の一つの究極の目標は生まれたての銀河を探すことです。天の川銀河のような銀河が生まれたのは，本書でも紹介したように，宇宙誕生後2億歳の頃なので探すのは大変です。なにしろ，130億光年よりもっと彼方にある小さな赤ちゃん銀河を探し出さなければならないからです。

このような若い銀河の探査では，21世紀初頭の10年はハッブル宇宙望遠鏡（HST）や地上の大口径望遠鏡（すばる望遠鏡など）が活躍しました。しかし，時代は移りつつあります。ハッブル宇宙望遠鏡の後継機であるジェームズ・ウエッブ宇宙望遠鏡（JWST，口径6.5m）の打ち上げは2020年に予定されています。遠方銀河からの電磁波は宇宙膨張による赤方偏移のために，長波長側にシフトして観測されます。HSTは可視光から近赤外線（波長2ミクロン）までしか観測できませんでしたが，JWSTでは中間赤外線（波長30ミクロン）まで可能です。また，HSTに比べて観測できる天体の等級も3等級ぐらい暗いものまで観測できるので，生まれたての銀河の探査に威力を発揮することが期待されています。

そして，すばる望遠鏡などの地上の大口径天文台は口径30m級の時代に突入していきます。日本はカリフォルニア大学連合が主導する口径30m望遠

JWST（https://jwst.stsci.edu/about-jwst）

あとがき

本書は、私たちの住む天の川銀河が消える日について、天文学、とりわけ宇宙の歴史とこれからの進化を踏まえて解説したものである。私たちは日頃、身のまわりの出来事に振り回されがちだが、そうしたことから離れて宇宙について思いをはせると、予想もしていなかったことが起こりつつあることに気づかされる。たまには、我が町ではなく、我が銀河について考えてみることも良い気分転換になるのではないだろうか。

さて、本書の第3章の冒頭で、一つだけ時事用語を出した。限界集落。この用語である。最近よく耳にする言葉だ。『広辞苑』（第7版、２０１７年）をひもとくとこう書いてある。「過疎化と高齢化の進行によって共同体としての機能の維持が困難になりつつある集落」。一方、WIKIPEDIAにはこうある。「過疎化などで人口の50％以上が65歳の高齢者になり、社会的共同生活を維持することが困難になっている集落のこと」。あと数十年もすると、日本では大都会を除いて多くの小さな町や村が限界集落になることが予想されているという。また、都会の中でも初期につくられた団地では高齢化が進み、限界集落になるところがある、というから驚く。人口がゼロになれば限界集落ではなく、消滅集落になる。日本のあちこちでこのような進化（退化）が起こっていくのだろう。

では、宇宙はどうだろう。銀河の世界の話だ。天の川銀河はアンドロメダ銀河と合体し、天の川銀河単体としての存在は消えていく。約60億年後のことである。宇宙年齢では約200億歳の頃の話だ。銀河の世界でも限界銀河という概念があるということだろうか？じつは、ある。しかし、ステップは二つ必要となる。

まず、限界集落の定義に戻ると「過疎化などで人口の50％以上が65歳の高齢者になり、…」とある。これを銀河の世界に適用すると、「新たに星が生まれることがなく、銀河の中の星の50％以上が100億歳以上の高齢の星だけになる」と読み替えなければならない。これだけなら、楕円銀河はすでに限界銀河になっている。なぜなら、新たに星を作るような冷たい分子ガス雲がほとんどない。つまり、若い星はなく、銀河の中にある星々が齢を重ねていくだけの存在になってしまっているからだ。一方、天の川銀河のような渦巻銀河はまだ限界銀河になってはいない。総質量の約10％はまだ冷たいガスであり、新たに星を作り続けている。しかし、その状態はいつまでも続かない。

限界銀河に至る運命がどの銀河にも待ち受けているのだ。それから、もう一つのステップ。

銀河の巨大化である。銀河を銀河たらしめている力は、銀河の中に含まれる物質の重力である。そのため、銀河は近くにある銀河（衛星銀河を含む）を引き寄せて巨大化していく。銀河の世界も大都会を好むということだ。人が大都会を好むのは、お店がたくさんあって便利だとか、雇用もあるので生活しやすいとか、世俗的な理由が大半を占めるだろう。しかし、銀河の世界は単純である。重力のみが支配する世界だからである。しかも、この巨大化が銀河の中の星々の老齢化も促進しているのだ。

たしかに、天の川銀河は現在のところ、限界銀河になってはいない。ところが、本書で解説したようにアンドロメダ銀河と合体し、一つの巨大な楕円銀河に進化して行く。この過程で、残念ながら、限界銀河への道を歩み始めるのだ。アンドロメダ銀河も天の川銀河と同様に渦巻銀河であり、やはり星を生み出す冷たいガスを有している。これら二つの渦巻銀河が合体するとどのようなことが起こるのか？　一つの楕円銀河に進化して行くが、その過程で二つの銀河に含まれる星同士が衝突することはない。星の個数密度は小さいので衝突の心配はない。しかし、ガス雲は星とは違い、かなりの拡がりをもった流体である。そのため、銀河が合体すると、二つの銀河の中にあるガス雲同士は激しく衝突し、圧縮される。圧縮されると当然のことながら密度が上昇するので、新たな星が誕生しやすい環境になってしまう。実際、宇宙を眺めると合体途上の銀河は激しい勢いで星を産んでいることがわかっている（スターバーストと呼ばれる現象である）。つまり、銀河の合体は強制的に冷たいガスから星の誕生へと誘ってしまうのである。そのため、合体からしばらくすると、星を産み出す冷たいガスのない、巨大な楕円銀河になるので、あとは昔に産まれた老齢な星々が生き残るだけの銀河、すなわち限界銀河になってしまうのだ。

人の世界では町や村で過疎化が起こり、限界集落になって行く。しかし、宇宙では、小さな銀河はそれ自身が大きな銀河に飲み込まれて消えて行くのだ。宇宙全体を眺めれば、それが過疎化ということだろう。町村合併で街を活性化させるという試みは人の世界ではありうるかもしれないが、宇宙ではあり得ない。宇宙における町村合併は銀河の合体のことだが、新たに子供（星）の産まれない高齢化社会（老齢な星々だけの世界）が実現するに過ぎないのだ。

人の世界の行く末は、どうもあまり明るくはないようだ。しかし、人の世界のことから水平思考して宇宙の行く末を考えてみると、人の世界と大同小異であるようだ。自然界は、いずれは壊れて行く。形あるものはバラバラになって行くということだ。時の経過は秩序（コスモス）から混沌（カオス）へと向かわせる。熱的な死である。しかし、宇宙は単純に熱的な死を迎えることはない。重力があるからだ。より重いものを作りながら、熱的に死んで行く。重力的・熱的カタストロフ（破滅）と呼ばれる運命である。天の川銀河とアンドロメダ銀河の合体はその一過程に過ぎないが、私たちに宇宙の行く末を教えてくれている。

それにしても、今の時代に生きていて良かった。宇宙にたくさんある美しい銀河を眺めながら、宇宙の行く末について考えることができるからだ。本書がその一助となれば、望外の幸《さち》である。

本書では、いろいろな方のお世話になりました。一人一人のお名前を挙げることはしませんが、貴重な写真と図をご提供いただいた皆様と研究機関に深く感謝致します。

2018年4月24日

谷口義明

谷口義明 たにぐち・よしあき

1954年，北海道生まれ。

1978年，東北大学理学部天文学科卒業。

現在，放送大学教授。

理学博士。専門は銀河天文学。

すばる望遠鏡を用いた深宇宙探査で128億光年彼方にある多数の若い銀河を発見。ハッブル宇宙望遠鏡の基幹プログラムである「宇宙進化サーベイ（コスモスプロジェクト）」では宇宙の暗黒物質（ダークマター）の3次元地図を世界で初めて作成。

主な著書に，『宇宙進化の謎』『新・天文学事典』（講談社），『銀河宇宙の最前線――「ハッブル」と「すばる」の壮大なコラボ』『谷口少年，天文学者になる――銀河の揺り籠 ダークマター説を立証』（海鳴社），『天文学者の日々』『続・天文学者の日々』（以上，創風社出版）ほか多数。

天《あま》の川《がわ》が消《き》える日《ひ》

2018年6月25日　第1版第1刷発行

著者　谷口義明
発行者　串崎 浩
発行所　株式会社 日本評論社
〒170-8474 東京都豊島区南大塚3-12-4
電話：03-3987-8621［販売］ 03-3987-8599［編集］
印刷所　精文堂印刷株式会社
製本所　株式会社 難波製本
カバー＋本文デザイン　粕谷浩義（StruColor）

ISBN978-4-535-78857-2